# 中国香

肖木 著

中华书局

图书在版编目（CIP）数据

中国香/肖木著. —北京:中华书局,2020.10
ISBN 978-7-101-14714-8

Ⅰ.中… Ⅱ.肖… Ⅲ.香料-文化-中国 Ⅳ.TQ65

中国版本图书馆 CIP 数据核字(2020)第 160595 号

书　　名　中国香
著　　者　肖　木
责任编辑　傅　可
出版发行　中华书局
　　　　　（北京市丰台区太平桥西里 38 号　100073）
　　　　　http://www.zhbc.com.cn
　　　　　E-mail:zhbc@zhbc.com.cn
印　　刷　北京市白帆印务有限公司
版　　次　2020 年 10 月北京第 1 版
　　　　　2020 年 10 月北京第 1 次印刷
规　　格　开本/920×1250 毫米　1/32
　　　　　印张 9½　字数 120 千字
印　　数　1-6000 册
国际书号　ISBN 978-7-101-14714-8
定　　价　59.00 元

# 目 录

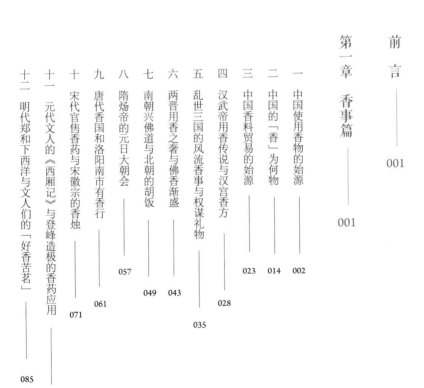

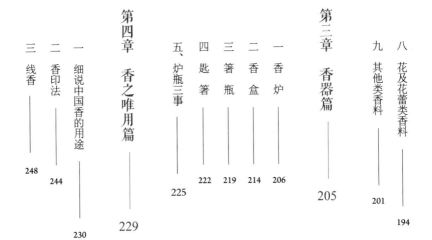

▼《听琴图》（局部），现藏北京故宫博物院。图中宋徽宗在抚琴，身侧香炉中细烟冉冉

# 前　言

对于香的文化，在中国的历史长河中，一度无比辉煌。而时至今日，所剩却不足十之一二，实在令人惋惜。这并非是为其在历代宫廷贵族生活中的奢靡享受，也并非是为其在世人眼中的珍宝猎奇，而是在于香物之于民生用度的实在用处：探明中国人约五千年的用香经验，于今日化学药剂泛滥的各个民生日用领域，开创一片利国利民的芳香之地，此方为传统文化的全面复兴！

说起与香之因缘，便想起当年研究文人的生活起居，一度颇喜《小窗幽记》的闲情逸趣，常置于枕侧，每日睡前总要细读一两则短语，品味一下悠世真情，也不失为一种至高的精神享受。"白云在天，明月在地；焚香煮茗，阅偈翻经；俗念都捐，尘心顿洗。"这或许就是中国人与香与茗的缘分："焚香煮茗，把酒吟诗，不许胸中生冰炭。"将这冰炭消融成灰，也需阅历世间百态、不忘初心吧。

香事篇

# 一、中国使用香物的始源

## （壹）启蒙

说起中国人有载的使用香物的历史，可以追溯到距今约 3000 年前，《尚书·君陈》中写道："我闻曰：'至治馨香，感于神明。黍稷非馨，明德惟馨尔。'"[①] 显然那时的人对香气的理解与现代人有着很大的不同。首先，先说"香"这个字的产生，从小篆体来看，上黍下口。

"黍"是谷物的统称，"口"则代表装谷物的容器或是人口，它的意向为"五谷装在容器内或食用时所散发的怡人气味"，这便是古人对"香"这种无法描述的事物的初步认知。宋代《陈氏香谱》开篇就说"香者，五臭之一，而人服媚之"，可见香气是五嗅之中最被人类所喜欢的味道。

① "我听说：'最好的政治会发出香气，感动神灵。不是祭祀的谷物发出的香气，而是圣明的德政发出香气。'"王世舜、王翠叶译注：《尚书》，中华书局 2012 年版，第 476 页。

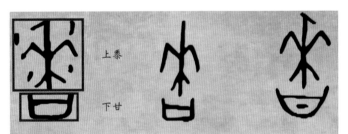

▼ "香"的甲骨文。

宋代，佚名《九歌图》（局部）。纸本水墨 辽宁省博物馆藏 收录于《宋画全集》（画中车辇上放置着香炉）。

② 据考古发掘证实，距今 5300~4300 年的新石器时代的良渚文化遗址中曾出土两件陶制熏香炉。

　　而在上古周公之时，他却用"香气"来比拟"明德"，可见在那个时候，人们已经开始将香气提升到精神层面，从而在很多方面开始享用，并已经形成了使用的习惯。依此可见，应该更早，中国先民已经开始使用有香气的物质，并开始主动思考香物与人们生活的必要关联。这一点也在之后的考古发掘中得到了证实。②

　　如今，我们或许更加在乎所闻到的香气是否可以浓丽明艳，是否可以讨自己喜欢，并想方设法寻求更纯粹的气味，甚至不惜以化学手段合成，以求大量的产出、大量的使用，人人深浸其中，大多都忘记了自然之芳香。

而在古人眼中，生活的周匝，或许是一朵鲜花，或许是一片香木，或许是一粒种子，那些有着香气的物质，都是具备了某些神秘天命与高崇气质的。就如先人屈原，在其所著的传世佳作《离骚》中便将多种香草比作忠贞之人，而将椒榝③之属比作谄佞之徒，更因如"户服艾以盈要兮，谓幽兰其不可佩。览察草木其犹未得兮，岂珵美之能当""惟草木之零落兮，恐美人之迟暮"等句开创了"香草美人"以物喻志、以香喻人的先河，这使后世忠贞贤良之士找到一种喻己与喻志的美好方法，也将中国式的用香文化正式拉开了序幕。

③《楚辞·离骚》："椒专佞以慢慆兮，榝又欲充夫佩帏。"王逸注："榝，茱萸也，似椒而非椒，喻似贤而非贤也。"后遂以"椒榝"指谄佞之徒。

# （贰）祭祀

对香气的崇拜开始于祭祀之礼，《礼记·郊特牲》曾说："诸侯为宾，灌用郁鬯，灌用臭也。"④其中"郁鬯"是一种香酒，是用鬯酒调和郁金之汁酿成的，是当时用于祭祀或待宾的必要饮品。这句话的意思是，诸侯朝见天子，宴席上酬酢⑤所献的是郁鬯香酒，献的就是这种酒的香气。这便是"至敬不飨味而贵气臭也"的道理，就是说，对于至为崇敬的天神，并不是以食物的美味为贵，而是要以气味的浓郁为贵。

④ 胡平生、张萌译注：《礼记》，中华书局 2017 年版，第 474 页。

⑤ 酬酢：宾主互相敬酒（酬：向客人敬酒；酢：向主人敬酒）。

郁鬯香酒是用黑黍酒和
郁金汁一同酿造而成 ▶

《尚书·虞书·尧典》中有一段尧禅让帝位于舜的记述：
"岁二月，东巡守，至于岱宗，柴，望秩于山川。"其中"柴"
便是一种燔烧木头等物的祭祀礼节，《礼记》中也有"柴
于上帝"之说，可见"燔柴"是当时非常常见的祭祀行为。
再如《诗经·大雅·生民》中载"取萧祭脂，取羝以軷。
载燔载烈，以兴嗣岁""其香始升，上帝居歆"。[⑥]以燔
烧香草和奉献祭脂来供奉神明，以求来年兴旺发达，这便
是人们的美好心愿。由此可见，用香物祭祀，在当时已是
普遍存在的一种社会活动了。

宋代丁谓《天香传》说："香之为用，从上古矣，所
以奉高明，所以达蠲洁。三代禋享，首惟馨之荐。"也就
是说，从古以来，供奉神明，祭祀禋享，首要供奉的便是"香

⑥ 此两句大意为："祭祀
之事共商量，燃脂烧艾味
芬芳。杀了公羊剥了皮，
烧烤熟了供神享，祈求来
年更兴旺。""香气四溢
满庭堂，上帝降临来尝
尝。"王秀梅译注：《诗经》，
中华书局 2015 年版，第
628、629 页。

气"的供奉，虽未听说沉、乳之属，却有百家传记中的芳草之美了。就如前文所说的屈原，在他的著作《离骚》中记述了多达十九种香草，《九歌》中也有十六种之多⑦如此看来，对香物的崇拜，在上古时期已经非常普遍，而用这些香物做供奉与祭祀的历史也由来已久。直到今天，我们还是会用香来供奉神明，祈祷富顺，这应算是一种独特的民族文化，其生命力之顽强，无论经历了多少战火动乱，也不曾消迹，俨然是中国人生活中不可缺少的一个部分了。

　　或许世界对我们的认知也是如此，英国作家王斯福在其所著《帝国的隐喻》中写道："香火是中国人用来沟通人与具有灵性的神明的基本特征。"试想，在物资、交通均不发达的上古时期，人们在"燔柴"的祭祀活动中偶然发现了拥有特殊香气的草木之属，一定会感到非常神奇，并将其看作是与天地神明交流的渠道，奉为神圣。如此想来，这便是人们对香气向往的一个开端吧。

⑦《离骚》中的香草有艾草、琼枝、扶桑、秋菊、木兰、江离、芷、秋兰、宿莽、荃（菖蒲）、蕙茝等；《九歌》中的香草为沅芷、澧兰、蕙、杜衡、糜芜、荪等。

▼宋代画作中的祭祀场景（燔柴、祭牲、礼乐均不可少）。

# （叁）礼仪

古代中国十分注重礼仪，对于个人来说，保持身体的清洁是非常重要的日常礼节。

周人的礼仪开始于每日的清晨，《礼记·内则》载："子事父母，鸡初鸣，咸盥、漱，栉、縰、笄、总。"意思是儿子侍奉父母，要鸡鸣之时就起床，洗手洗脸，漱口，梳头，扎好头发，插上发簪固定，打理完毕，然后才能服侍父母起床吃食，每日如此。不仅要做好自身的清洁，还需为父母"五日则燂汤请浴，三日具沐。其间面垢，燂潘请靧；足垢，燂汤请洗"，即每五天一次为父母烧好热水洗澡，每三天为父母洗一次头，这期间若脸脏了，便用热的淘米水为他们洗脸，如果脚脏了，就烧些热水为他们洗脚。《仪礼·聘礼》中也讲："管人为客，三日具沐，五日具浴。"这样的礼节是基本的待客之道，"沐"为濯发，"浴"为洁身，客人来宿，便需管事之人为他们准备好沐浴的事宜，这是主人家一定要做到的待客之道。除此日常礼仪之外，朝臣面见天子更是要沐浴更衣。比如一生以克己复礼为己任的孔子，若遇重大事情需要面圣，便会"沐浴而朝"，以示对天子的尊重。周代为了方便诸侯朝见天子，还专门设立了"汤浴邑"，以供面圣之前的沐浴之事。《礼记·王制》一篇中便有："方伯为朝天子，皆有汤沐之邑于天子之县内。"[8]

⑧ 意思是："为方便方伯朝见天子，都在天子的王畿内设有供诸侯斋戒沐浴的汤浴邑。"其中"方伯"为"州牧，管理一州的最高行政长官"。胡平生、张萌译注：《礼记》，中华书局2017年版，第287页。

如此重视个人卫生这件事的中国人，在沐浴时用香物来洁身香体，伴随着对香草香木的理解，便日渐充斥到日常生活之中：有如《九歌·云中君》中说到的"浴兰汤兮沐芳"；还有中国现存最早的一部记录传统农事的历书《夏小正》中记录到的："（五月）蓄兰，为沐浴也。"这些记载正是沐浴香汤的体现。试想，在没有香水和日化产品的上古时期，浸了兰汤的身体，自带了芳兰的气息，便似拥有了兰心蕙质一般，这才是香物让人如此向往的原因吧。

## （肆）食用

用香草为食物增加香气，也是使用香物的一个契机：上古时期有一种吃食名为"腶脩"，是一种加入香料制成的干肉。在宴席中上菜时，需要先上腶脩，然后再上其他菜品，这也是贵气味不贵口味的意思。

另外还有上文提到的"郁鬯"香酒，是用珍贵的黑黍酿造的，再调以郁金汁而做成的一种香酒，也是祭祀礼仪上常用的饮品，所谓"周人尚臭，灌用鬯臭"，就是说周人推崇香气，所以祭祀中要用香酒。

《九歌·东皇太一》中有诗云"蕙肴蒸兮兰藉，奠桂酒兮椒浆"，有桂酒椒浆之说。王逸注："桂酒，切桂置酒中也；椒浆，以椒置浆中也。言已供待弥敬，乃以蕙草蒸肴，芳兰为藉，进桂酒椒浆，以备五味也。"这"桂

酒"便是用玉桂浸制的美酒，玉桂乃肉桂的别称；"椒浆"是用花椒浸制的微酸的饮品，后人也认为是一种浸制了花椒的香酒。以蕙草蒸肉，用兰草为垫，奉上桂酒与椒浆，这真是五味俱足啊！

到了汉代，我们已经开始进口胡椒等香料，因此便兴起了"胡饭"的风潮。《后汉书》有记："灵帝好胡服、胡帐、胡床、胡坐、胡饭、胡空侯、胡笛、胡舞。"如此看来，这位东汉的皇帝非常开放，十分喜欢外来文化，其中"胡饭"便是添加了各种外来香料的饭食，想必比起汉饭来说，要更加美味吧。

## （伍）贸易

众所周知，在西汉时期形成的丝绸之路是一条商品贸易之路，东起汉代都城长安（今西安），西至古罗马为结束，全程6440公里，是一条名副其实的"商道"。在那过去的一千多年时间里，人们用脚力、驼马运送着沿途各地的商品用以交换，以此来满足彼此的需求；与此同时，沿途各国各族的人们也交流着彼此的文化、信仰和思想。因此，这条路在那个时期便担起了东西方文化与财富互换的重任，让世界格局也开始发生改变了。

在这条路上，商品诚然是最主要的角色。为了实现利益的最大化，必以轻小而贵重的东西作为贸易的主角，就如唐代僧人义净法师所翻译的经著《根本说一切有部毗奈耶》中云："云何体轻价重？谓缯彩及丝、郁金香、苏泣迷罗是。"此为那些商人普遍认同的一个观点。其中所谓的"缯"，即丝织品的总称。在那时，发达的丝织业是中国的一大特色，在很多地方曾一度达到家家养蚕、户户纺织的地步。这些美轮美奂的原料或成品，曾是罗马人、埃及人最为钟爱的奢侈品，并不惜以同等价值的黄金作为交换。据记载，埃及艳后克利奥帕特拉七世便是那些缯彩的忠实爱慕者，如罗马诗人卢坎的史诗《Pharsale》中写道："克利奥帕特拉的白腻酥胸透过西顿的罗襦而闪闪发亮。这种罗襦是用赛里斯人的机杼织成，并用尼罗河畔的织针编出粗大透亮的网眼。"赛里斯（Sinae），意为丝国，赛里斯人便是那时罗马对中国人的称呼。

在这条丝路上，商人们把美丽的中国丝绸运往西方的同时，也将西方国家特产的名贵香料运往中国，比如郁金香、苏泣迷罗（sukismila，小豆蔻），还有迷迭、安息、乳香等等，一切令这个东方大国所迷醉的芳香，通过漫长的旅途，逐渐走入了中国人的生活，至此，我们便开始享受着那些外来香料的美妙香气而不能自拔，更不吝笔墨地赞美着它们："众华烂以俱发，郁金邀其无双。比光荣于秋菊，齐英茂乎春松。"在那时，东汉的皇宫中已经开始种植诸如郁金、迷迭等，多少人被它们华丽的花姿和馥郁的香气所倾倒，化作痴人沉醉其中。这些商品便是魏文帝曹丕在《迷迭赋》中所感叹的"越万里而来征"的异域芬芳呀！

2016 年制作的"秋日润 ▶
燥香丸"，清雅宣肺，
很适合秋冬干燥季节来
使用，其配料中就含有
郁金与安息。

# （陆）医药

明代政府曾多次对民间下达"禁香令"，以求通过强制的手段禁止国人使用外来香物，但却事与愿违，一直都无法真正贯彻。究其原因，固然有各层级办事机构"大打折扣"的实施行为，更多的原因应来自民间的广大需求：不仅为祭祀求仙所用，更重要的是这些香物已被广泛用于医药业，成为很多组方中不可缺少的重要部分，即"香药"。

"香药"一词最早出现在西晋史学家陈寿所撰《三国志》中："县官羁縻，示令威服，田户之租赋，裁取供办，贵致远珍名珠、香药、象牙、犀角、瑇瑁、珊瑚、琉璃、鹦鹉、翡翠、孔雀、奇物，充备宝玩，不必仰其赋入，以益中国也。"这一条目是说西晋时期对交趾（今越南北部）一地实施怀柔笼络政策，论其税赋，便说此地所产的这些珍奇异宝，已储备充足，无须再仰仗此类赋入了。只是这时的"香药"一词，却不是特指一个物类，而是指"香"与"药"两种物品，因其性状相似，便合在一起作为一个项目被记录下来。在之后的三百年里，这个名词逐渐演变成了一个物类的专有名词，既能作为香料使用，也可以作为入药治病的舶来品，是为"香药"，以沉香、乳香、安息香、檀香、龙涎香、麝香等物为代表，记录在案。之后，这个词还涵盖了国产此类药物，成为一个特定的药物种类而充斥在社会生活的很多方面。

⑨《隋炀帝后宫诸香药方》收录于日本典籍《医心方》，记载如下："隋炀帝后宫诸香药方治腋下臭方：雄黄五分、麝香五分、石流黄六分、熏六香五分、青焚石五分、马齿草一握，"方中含有两种名贵香料，即麝香、熏六香（即熏陆香，乳香）。

⑩《敦煌香药方》收录于《唐敦煌钞本》，见《中国香文献集成》，中国书店，第19册第23-31页。

⑪明代卢之颐编纂的《本草乘雅半偈》中有这样一段记载："奇南一香，原属同类，因树分牝牡，则阴阳形质，臭味情性，各各差别。其成沉之本，为牝，为阴，故味苦浓，性通利，臭含藏，燃之臭转胜，阴体而阳用，藏精而起亟也。奇南之本，为牡，为阳，故味辛辣，臭显发，性禁止，系之闭二便，阳体而阴用，卫外而为固也。"其中"奇南"也作"奇楠"、"棋楠"或"伽南"等，为音译名词。

因为这些香药在芳香开窍、辟毒祛邪上的卓越功效，曾被各医家记述论证药理，并大加使用。如成书于东汉时期的《神农本草经》中就记载了多种具有药用价值的芳香类药物：如木香、麝香、甘草、松脂等，论其药性，均为上品；又如成书于五代前蜀的《海药本草》中也记述了木香、零陵香、茅香、甘松香、迷迭香、沉香、薰陆香、乳头香、丁香、返魂香等外来香药的药性及用途；再如隋代的《隋炀帝后宫诸香药方》⑨与发现于敦煌莫高窟的《敦煌香药方》⑩中也均有多个使用香药调和的日用方剂，诸如隋书的"治腋下臭方""疗口臭方"及美色方中的"令身面俱白方"，唐书的"薰衣方""面脂方"等；到了明代，李时珍在其著作《本草纲目》中更将香药详细分为"芳草类"与"香木类"；清代卢之颐甚至在其著《本草乘雅半偈》中用辩证的方法来论证珍贵的香木"沉香"与其珍贵品种"奇南"之间的阴阳关系及药性差别。⑪由此可见，这些香料在中国用药文化里有着十分重要的意义。直到今天我们仍在使用，如常用的"沉香化气片""安宫牛黄丸""牛黄清心丸""速效救心丸"等成药，均是以香药为主料或辅料，配以其他草药，精制而成。这些药物的普遍使用，足以说明那些"香药"有着卓越的功效，并在我国医药领域有着举足轻重的地位。

# 二、中国的"香"为何物

我国使用香物的历程，粗略来看大约可以分为三个时期：即上古本土期、前中古外来期和后中古广泛期。

"上古本土期"是指汉代以前，包括夏、商、周及秦代。这个时期我们所使用的香料多是就地取材，逐渐探索，以芳香类花草为主要香料来源。就如《诗经》中赫赫有名的那句美言"彼采萧兮，一日不见，如三秋兮！"这恐怕是华夏民族最深情的一句情话了，缠绵悱恻，相思情深，而这整首的《采葛》诵下来更是一场跨越千年的爱恋之歌，其中的美好不言而喻：

▼ 清代，邹喆《墨艾图轴》（局部）。故宫博物院藏。

彼采葛兮，一日不见，如三月兮！

彼采萧兮，一日不见，如三秋兮！

彼采艾兮，一日不见，如三岁兮！

古代采葛是为了织布，"葛"即葛藤，它的皮可以制成纤维用来织布；古代采萧是为了祭祀，"萧"即香蒿，是一种香草，不仅有轻微的香气，还可消炎驱虫，常被用以燔烧祭祀；古代采艾则是为了医病，"艾"便是我们现在还在常用的艾草，叶子可以供药，是当时很常用的有药用价值的香草。而采摘这些香草的工作，多为古代女性专事。通过诵读这首诗，我们可以感受到，作者对那个采草女孩的爱恋之情是何其炽烈。

除此一案，还有屈原的那句"扈江离与辟芷兮，纫秋兰以为佩"，此句中"江离""辟芷""秋兰"都是香草名。诗人屈原曾先后辅佐两代楚王，虽克己忠国，只可惜怀王与顷襄王都不是很有作为的君主，这便注定了一代忠臣的悲剧命运。他在诗中将自己钟爱香草的那一份心情当作追随效仿先贤的标志，用佩"兰"的习惯区分自己与那些佩"蒺藜""茛草""地葵"的众人，惋惜自己用心种下的百亩芳草变成了遍地的荒棘而无人能识，这便是香物于那个时代的意义。它们总是高贵而卓然不群的，是人们所向往的美好事物。

宋代吴仁杰所著《离骚草木疏》中将《离骚》中的草

木分为四卷来解析，是为"香草""良草""嘉木""恶草"，其中香草一卷包括蒸（荃）、芙蓉、菊、芝、兰、石兰、蕙、芷（芳）、苣（药）、杜衡、蘼芜（江离）、杜若、芰、蕳等十四种。由此可见，这一时期香物的取用是非常本土化的，既没有芳香馥郁的郁金，也没有香气浪漫的迷迭，更没有玫瑰、乳香；有的只是随处可见的带有芳香气息的芳草，这些便是我们最原始的国香，虽然香疏味淡，但却清雅纯致，恰恰代表了那时的风雅韵客，代表了他们的情怀，这也不失为一种特有的芳香文化吧，这一文化一直延续到汉代早期。从汉武帝通商之路开通之后，中国香文化便迎来了一个全新的时代。

"前中古外来期"是指唐代以前，包括汉代、三国、两晋、南北朝、隋代及唐代。自汉代南北商路疏通之后，外来香物随着通商及佛教文化逐渐涌入中国，在之后的一千多年时间里，我国先民便开始享用舶来芳香之物，并以"奢靡"这个词贯彻了始终。

西汉刘歆所著《西京杂记》中记载赵飞燕当上皇后时，她的妹妹特地送来了三十五件奢侈至极的礼物，其中便有一只华丽的"五层金博山香炉"，还有几种名贵香料，即青木香、沉水香和九真雄麝香，其中青木香为马兜铃科植物的根部，气香特异，为汉时常用的一种本土产名贵香料；沉水香便是现在我们所熟知的"沉香"，产于南越之地，自汉代才有使用的记载；九真为汉武帝平南越后所设的

九郡之一，在今天越南的河内以南、顺化以北地区，九
真雄麝香便是此地所产的麝香，十分名贵。

　　若说以上三种香物在汉武帝之后便属于本土所产，那
在 1983 年于旧广州城大北门外发掘的南越国文帝赵眜陵
墓时，在一个圆形漆盒中发现了 26 克酷似红海地区所产
的乳香树脂类物质，便是真正的外来香料了。除此之外，
南越王墓中还出土了十一件铜熏炉（如上图），数量之多，
足以说明在那时的南越之地，熏香一事在贵族生活中有着
重要意义。汉武帝在元鼎六年（前 111 年）平定南越国，

设置日南郡，想必这时南越国文帝所享用的外来香料也会进入西汉贵族的日常生活用度范畴吧。就如甘肃敦煌汉代悬泉置遗址出土的西汉武帝、昭帝时期的纸文书中，有三件包裹药物的纸张，其中一张用隶书写有"薰力"二字，后经研究表明，薰力即为薰陆，也就是疑似文帝墓中出土的那种树脂类香料——乳香，此香产于今天的北埃塞俄比亚、索马里以及南阿拉伯半岛等地，正是在汉代所通北方商路的辐射地区，是标准的西来香药。如此可见，汉代即已开始了进口香物的历史，开始了我国使用香物的一个全新时期，这一时期的香物作为"香"与"药"而形成了特定的货物种类，通过南北两条商路的贸易往来逐渐进入我国，并一度大面积取代了本土香物，成为日常所需的主要香料来源。

由于运力的问题，外来香药一直是奢侈的象征，在很长一段历史时期中，只有王公贵族才可以享用。但是，用香这种生活方式却不可避免地上行下效到了民间。因此，我国使用香物的历程便逐渐进入到第三个时期，即"后中古广泛期"。

"后中古广泛期"是指从我国宋代到清代这一时期的香物使用情况。所谓"后中古"与之前的一个时期的前后界定，是根据统治者在香药贸易中所充当的不同角色而进行区分的：唐代以前包括唐代，皇室贵族阶层是外来香药的主要消费群体，售卖者为外来贸易商或民间私贸；而到了宋代，皇室贵族不仅消费这些香药，还充当起了香药贸易中的专卖者或经营者，以官方的身份将这些外来香物销售于市井之间，并以此谋求利益。在那时的很长一段时间里，香药利润逐渐变成宋代政府财政收入的一个重要方面，在一定程度上缓解了其在财政上的一些问题，就如《宋史·食货志下·香》中记载："宋之经费，茶、盐、矾之外，惟香之为利博，故以官为市焉。"

正是因为这个原因，香药的主要消费群体在宋代之后便开始转型。这使得贵重香药与普通香药的消费结构也发生了根本的改变，原在唐代朝贡贸易中占主要地位的沉香，逐渐变成了在宋代朝贡贸易中占主要地位的乳香。乳香单次朝贡量甚至可以达到十万斤之多，[①] 就这一点便足以说明"后中古"时期的用香理念不再只停留于"奢侈"一词之上，而是更加注重实用性与可持续性了。

宋代出现的各种香谱集著，可谓是民间用香的教育手册，正因为那时的用香理念是可以通过将多种香料调和在一起而达到某种味道的追求，从而形成多个明星消费产品，譬如黄庭坚喜爱的"小宗香""江南帐中香"，欧阳修喜爱的"清泉香饼"等等，这使得这一时期我国的用香文化更具趣味性，也更加生活化了，并吸引了一大批文人墨客的喜爱，终使得这种文化向着生活中的极致美学方向发展，变得更有格调了。这便是我国使用香物的另一个全新时代。

① 《宋会要辑稿·蕃夷七》中记载："继有纲首吴兵船人赍到占城蕃首邹亚娜开具进奉物数：白乳香二万四百三十五斤、混杂乳香八万二百九十五斤、象牙七千七百九十五斤、附子沉香二百三十七斤、沉香九百九十斤、沉香头九十二斤八两、笺香头二百五十五斤、加南木笺香三百一斤、黄熟香一千七百八十斤，"其中白乳香与混杂乳香的进贡数量合计达 100730 斤。

▼ 宋代，张择端《清明上河图》（局部）。店家幡子上所写为"刘家上色沉檀拣香"，意思是刘家有上好的沉香、檀香、乳香（最上等的乳香称为拣香，圆大如指头者）。

▼ 宋代，张择端《清明上河图》（局部）。店家小幡上写有"香饮子"字样，为宋代的一种常见饮品，是用各种香料煮制的熟水。

2014 年配制的清泉香饼，每日熏来，便可体验诗人欧阳修所偏爱的香气。再读《醉翁亭记》时，应别有一番感触吧。

南宋周密所著《武林旧事》中曾记载：绍兴二十一年（1151 年）十月，宋高宗临幸清河郡王张俊的府第，张俊所设的御筵极尽巧思，其中"缕金香药一行"，有脑子花儿、甘草花儿、朱砂圆子、木香丁香、水龙脑、史君子、缩砂花儿、官桂花儿、白术人参、橄榄花儿；还有"砌香咸酸一行"，有香药木瓜、椒梅、香药藤花、砌香樱桃、紫苏奈香、砌香萱草拂儿、砌香葡萄、甘草花儿、姜丝梅、梅肉饼儿、水红姜、杂丝梅饼儿。这张菜单的一百多道菜中，使用香

药制作的菜品占了一半之多。如此看来，我们现今的吃食还是粗糙简朴了很多，很难与宋代名目繁多、极尽巧思的筵席相较。可见张俊为宴请皇帝，费尽心思，奢侈至极。而这种精巧的构思和对香物的使用及理解，是在之前的时代里不曾出现的，同样是极尽奢华，但所展现的根本内涵却有明显的不同。将极大丰富的香料，极端细致地应用于日常生活，便是第三个时代最为突出的用香特点了。

# 三、中国香料贸易的始源

公元前七世纪，在小亚细亚的地域上，有一位诗人，名为阿利司铁阿斯（Aristeas），他在叙事长诗《阿里玛斯佩阿》（Arimaspeia）里记述了一次在遥远东方的神奇之旅，这很可能是西方对远东地区最原始的朦胧认知。虽然此诗已佚，但在后人的著作中还是可以看到原诗中的一些内容，就如希罗多德所著《历史》中说道：阿利司铁阿斯被波伊勃司所附身，一直来到了伊赛多涅斯人的土地上，即为七河流域到天山北麓一代；他最远还到达了"看守黄金的格律普斯"，那是昆仑山的守护神；并且还知道了"领地一直延伸到大海的极北居民"，[1] 只是没有人见过那些人，就连诗的作者阿利司铁阿斯都不敢承认去过那里。看来这一切都是猜想或是听闻，但这足以说明在那时他们对东方充满好奇，也充满幻想。

我国曾是世界上最早发明蚕丝的国家，西方国家对中国的向往便开始于我们美丽的丝绸制品。他们认为"赛里斯人（汉朝人）从他们那里的树叶上采集下了非常纤细的羊毛"，[2] 而且"……由于在遥远的地区有人完成如此复杂的劳动，罗马的贵妇人们才能够穿上透明的衣衫而出现于大庭广众之中"。[3] 就是由于对这些美丽衣物的追求，促使罗马帝国的贵族们想要越过中亚地区的波斯商人，开拓

① 《希罗多德历史》，（古希腊）希罗多德著，王以铸译，商务印书馆1959年版，第四卷第13页。

② 维吉尔《田园诗》，选自《希腊拉丁作家远东古文献辑录》，（法）戈岱司编，耿昇译，中国藏学出版社2017年版，第25页。
③ 老普林尼《自然史》，选自《希腊拉丁作家远东古文献辑录》，（法）戈岱司编，耿昇译，中国藏学出版社，2017年版，第33页。

一条海上之路，直达他们心中那个树叶上长着羊毛的、神秘的东方国度，这便是公元前后两世纪在欧亚大陆上的那个最西端的强大国家，对最东端那个与之并立的另一个强大国家的向往，也是欧亚大陆东西商业道路开通的核心诉求。

与罗马帝国的这种想法一致，我们强大的汉帝国也有同样的诉求，汉武帝首次派遣张骞出使西域，原本为联合大月氏一同抗击匈奴，但是未达到目的。还因为匈奴的阻止，致使张骞辗转中亚各国多年，不想却因此了解了那些国家的政治、经济、人文、地理等多种情况，这为我们了解西方提供了意想不到的可靠依据。

只是，张骞出使西域的两次经历都万分坎坷，这无疑给汉武帝造成了很大的困惑，使其意识到原来的陆路通道不仅危险重重，而且闭塞。为发展与西方的贸易往来，必须要开拓一条相对安全且通畅的道路，于是自然而然地肯定了发展海上商路的必要性。

如此到了东汉，我国不仅与天竺（印度）之间保持着频繁的海上往来，也与罗马帝国建立了海上贸易关系：在那时，他们的船舶利用信风，横渡孟加拉湾或印度洋，通过马六甲海峡，经越南而到达广州，大量的货物往来于这条海路之上。至此，东西方贸易之路便真正建立起来。

1877年，德国著名地理学家李希霍芬在其著作《中国》一书中，把"从公元前114年到127年间，中国与河中地区以及中国与印度之间，以丝绸贸易为媒介的这条西域交

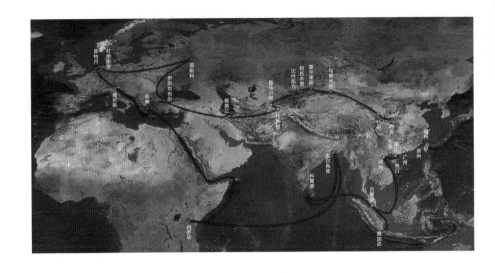

通路线"命名为"丝绸之路",从此它代表了一种世界文化，南北两条丝绸之路。
被世人所熟知。

　　"香药"最早通过"丝绸之路"进口到中国的史实无
可争议。就如比利时学者亨利·皮朗在其《中世纪欧洲经
济社会史》一书中记述道："香料是这种贸易（指国际贸易）
的首要商品。一直到最后，香料所占的重要地位始终未变。
香料不仅创造了威尼斯的财富，也创造了地中海西部所有
大商埠的财富……载运的方便和售价的昂贵，使香料具有
无与伦比的优越性。"也正是因为这个原因，"丝绸之路"
上的香料贸易在整个贸易过程中举足轻重。

　　西汉时，这种贸易虽无明确的史料记载，但从甘肃敦
煌出土的写有"薰力"一词的纸文书，以及在江苏连云港

尹湾村汉墓出土的尹湾汉简中记载的"薰毒八斗"中，均可看出在汉武帝、昭帝时期（前140年—前74年），乳香已经传入我国，并在最初作为"止痛生肌"之药贮备于汉王朝设于东南地区的大型兵站里。

另外，《史记·货殖列传》与《汉书·地理志》中也均提到"番禺亦其一都会"，是"珠玑、犀、瑇瑁、果布之凑"。其中"果布"即"果布婆律"，为龙脑香的音译名字，此香盛出于苏门答腊、马来半岛及婆罗洲等地，番禺是汉时"广州"之称。可见西汉之时，我国已从西域、南海等地开始进口其特产香料了。

到了东汉，我们甚至从遥远的罗马帝国购买香料，就如《后汉书·西域传》中记载："大秦国一名犁靬，以在海西，亦云海西国。……土多金银奇宝，……合会诸香，煎其汁以为苏合。"所谓"大秦"和"犁靬"便是那时我们对罗马帝国的称呼。

由此可见，我们的香料贸易开始于以丝绸作为主要商品的欧亚贸易体系，商人们将美丽而轻巧的丝绸及制品经过陆路与海上船舶运往西方欧亚大陆上的那些富足的国家，同时也将他们所特产的宝石珠翠、象牙犀角、香料珍药作为回程的商品运回两汉帝国，并从中牟取高额利益。而这样的贸易竟可维持千年不衰，还在这些商路上衍生出了弥足珍贵的文化现象，实属人类历史上的一大壮举。

# 四、汉武帝用香传说与汉宫香方

熏香一事，上古时期便已有之，如距今5300—4300年的良渚文化遗址中就曾出土过两件陶制熏香炉；另如距今4000年前的龙山文化遗址中，也曾出土过一件陶制高柱形足熏香炉（如右图）。这些香炉是以焚烧香草、取其香气之用的，诸如艾草、蕙草之属，所以炉腹深大，多有炉盖，盖上多孔隙。这便是西汉学童读本《急就篇》中所解释的："薰者，烧取其烟以为香也。"

汉代因汉武帝"通西域，平南越"，使得外来香料进入到贵族的日常生活范畴，成为以奢侈为代表的日常用品。《岁时广记》引南朝祖冲之所著《述异记》中曾说道："汉武帝时外国贡辟寒香，室中焚之，虽大寒，必减衣。"这虽颇具传奇色彩，但也可以表明两个重要的问题：其一是在汉朝时，外国使臣便已经开始贡贸香料于我国；其二是汉武帝时，贵族们有焚香的习惯。这个史实也随着长沙马王堆汉墓相关文物的出土，得到了明确的证实。

马王堆汉墓为西汉初期长沙轪侯利苍及妻儿之墓，其中二号墓最早下葬，是利苍本人的墓室，规模较小，又因后世多次被盗掘，使得墓穴破坏严重，很多东西已无法考证。但是利苍妻儿的墓，也就是马王堆一号墓和三号墓却保存完整，虽然只比利苍墓晚下葬二十多年，但墓室规格

▲ 龙山文化遗址出土陶熏炉，高27厘米，炉腔径12厘米。现藏于郑州东方翰典博物馆。

明显扩大了很多，陪葬物品也十分丰富，再结合轪侯利苍的身份、地位来看，在之后的二十多年时间里，他的遗孀和继承轪侯爵位的儿子，应得到了很好的礼待，也得到了很大的发展空间。从三座墓室的规模及随葬物品的等级来看，在利苍过世之后，汉代社会的经济生活得到了很大发展，这直接导致贵族们的生活品质发生了巨大变化。因此，利苍之妻辛追的墓室被发掘面世之后，一度引来世界范围的热切关注，并被评为世界十大古墓稀世珍宝之一，为后世学者研究汉代贵族生活提供了很好的实物研究资料。其出土的千余件文物中，不仅有大量衣物和生活用具，还出土了最早的医药方剂书籍帛书《五十二病方》等众多珍贵物品。其中最值得我们注意的是，生活用具中含有大量的香具和香料，这无疑为我们研究中国用香文化提供了可靠

汉代,彩绘陶熏炉（1972 ▶ 年出土于湖南长沙马王堆一号汉墓。此为熏香用具。泥质灰陶，形制似豆，盖上镂孔，盖顶有鸟形盖纽，周围刻卷云纹和弦纹。出土时这件熏炉炉盘内盛有茅香、高良姜、辛夷和藁本等香草。现收藏于湖南省博物馆）。

的实物依据：其中包括两件香奁、一个香枕、六只香囊、六件草药袋、彩绘陶制熏香炉两个、竹熏罩两件，[1]另外还出土了植物性香料十余种，可见这位地位尊贵的老妇人是何其地喜爱熏香之事。也由此可以判断，在那时的汉代宫廷贵族生活中，熏香已是常见之事。

① 《长沙马王堆一号汉墓》，湖南省博物馆、中国科学院考古研究所编，文物出版社，1973，北京。

汉武帝因其功勋赫赫，对世人的影响极大，于是便产生了许多关于这位传奇帝王的美丽传说，就如东方朔所著《海内十洲记》中写道：汉武帝听西王母说大海中有祖洲、玄洲、元洲、聚窟洲等十个洲，便向东方朔询问这些洲的所在之地及其所产之物，东方朔一一作答，如此便写成了《十洲记》这本书。其中有一卷说到聚窟洲产一种香，名为返魂香，听说可以令人起死回生。张骞通西域后，月氏国遣使向武帝进献了四两这种香，大小如雀鸟的卵蛋一般，黑如桑葚。武帝认为这种香非本国所产，便下令将其存于外库，也并未重视。不想时至元封元年（前110年），长安城内爆发了严重的瘟疫，使得上千百姓罹难。这时武帝才想到月氏国进贡的神香，于是便取来，在城内点燃。此香的香气不仅三月不歇，还使那些死了未满三日的人都复活了，如此才知道这香真的是神物。

这个传说所记之事非常传奇。据考证，这种神奇的"返魂香"实则只是返魂香树所结的树脂，即印度所产橄榄科植物的干燥树脂——没药，虽然直到现在我们还在使用，并为"散瘀定痛、消肿生肌"的良药，但却与"起死回生"

汉代，青铜香炉。在当时应为祭祀用具，造型充满神性。郑州东方翰典博物馆藏。

这个用途相差甚远，可见这个故事只能当作传说来看待了。但是这个传说中所表露的信息却有两点：其一，外来香药的最初用途，多半是作为精贵药材，从而打开了东方大国的市场；其二，汉代人对外来香药有着高度的好奇心，使得很多文人都利用它来编纂故事，以博得世人的追捧。

就如另外一部笔记体小说，汉代郭宪的《汉武帝别国洞冥记》，曾多处写到汉武帝用香的场景，例如卷三中所写：武帝常常舒坐于地席之上，望向东方，只见有一双白鹄，化作神女，在仙台上起舞，她们手握"凤馆"之箫，抚弄着"落霞"之琴，唱着"青吴春波"之曲。看到这些，武帝便将手中的"发日香"抛洒出去，此便是"帝舒暗海玄落之席，散明天发日之香，香出胥池寒国"。其中这"胥池寒国"为何国，已不能考证，而那"明天发日之香"又为何香，更是不得而知。只知胥池寒国地产一种发日树，"树有汁，滴如松脂也，"可见这又是一种树脂类香料。而这则记载又是一个武帝弄香的传说，虽并无考证的价值，但其用词之美，所描述画面之生动，足以让后世之人理解那时的人们对外来香料的美好向往了。②

如此说来，难道汉武帝用香之事只有传说吗？其实也并非如此。细览正史，还是可以找到一些其用香的小细节的：因汉武帝是继秦始皇之后又一位对神仙方术着迷的皇帝，所以史书中也有多处其烧香拜仙的记载，如《魏书·释老志》中记录道："获其金人，帝以为大神，列于甘泉宫。金人率长丈余，不祭祀，但烧香礼拜而已。"

由此可见，武帝祭神需要烧香礼拜，但所烧为何香呢？《汉武帝别国洞冥记》卷二载："元封中，起方山像，招诸灵异，召东方朔言其秘奥。乃烧天下异香，有沉光香、精祇香、明庭香、金碑香、涂魂香，外国所贡青榿之灯。"这是说汉武帝在元封年间，祭祀诸鬼神灵异之时，遍烧天下名香，燃外国所奉之灯。从上述香名可见，武帝所烧的并不是我国本土所产的香草之属，应多为各国所供奉的香，均是来自于外国的商品。可见通过高端贸易形成，汉代宫廷已经开始大量使用那些外来香料了。但是，相

较于汉代的贵族们，那时的普通百姓还是无权使用名贵的外来香料，所以仍在使用我国本土所产的香草类香料，外来香料十分珍异，所以所知之人甚少。

因此汉代的成书中未见明确的"香方"使用，只能在后世典籍中找到一两则所谓汉代香方：如明代《墨庄漫录》所抄东汉郑玄注释的《汉宫香方》一则云："沉水香二十四铢，著石蜜複汤鬻，以指尝试，能饮甲则已，以寒水炭四焙之。青木香十二之一，可酌损之。鸡舌香以其子，勿以其母。合捣为糜，投初鬻蜜中，媒使相悦，闭以黄埪蜜隙墙不津地埋之，一日中许出之，投龙脑六铢，麝损半，一炉注如芡子，薰郁郁略闻百步中人也。"此方如若真实，便可显示出在那个时期我国已经形成相对成熟的制香理念，以求"媒使相悦"，这是将药学的精神融入其中，以求众香和合。如此便可见，可能在我国汉代，人们已经开始使用制方成熟的合香了。

另外，汉时将香料用于医学方剂的例子，却可以找到一二，如马王堆汉墓出土的帛书《五十二病方》中的"诸伤第一方"，用甘草、桂、薑（姜）、椒等来治疗创伤及跌打损伤等病，其中"椒"为"蜀椒"，是原产于我国四川地区的一种香料，成书于东汉时期的《神农本草经》中曾写道："蜀菽，味辛温，主邪气咳逆，温中，逐骨节，皮肤死肌，寒湿，痹痛，下气，久服之，头不白，轻身增年，生川谷。""桂"即丹桂，为现在常用的桂皮，也是一味香料；"甘草"在后世著作中常被当作香料，用来制作合香。可见"第一方"中使用到了至少三种香料，这应是使用香药治病的最早的记载。另外，《神农本草经》中还记载了一味外来香药，即"木香"，这种香料原产于印度，有"辟毒疫"的效果，被列于"草"目上品之类。

依此可见，在汉代，各国香料通过贸易来到我国，充当了治病救人的要务，就连调和的"香方"也加入了中医药学理念，这也就是说，我国先民使用香料，不仅仅只是取其芳香，更重要的是得益于这些芳香之物的卓越药效。既可闻香，又可做药，这便是香药在我国风靡千年的一个主要原因。

# 五、乱世三国的
# 风流香事与权谋礼物

相较于汉代来说，三国时期对于用香一事的记载就丰富了许多，如《后汉书》中只出现了苏合香与胡椒这两种外来香料的记载，而《三国志》中则记载了产于大秦国（古罗马帝国）的十二种外来香料，可见在这个时期，外来香料与弄香之事，已经得到了更为广泛的关注。另外从官方的角度来看，也提高了对海外国家的重视程度，这便使得外来香料进入我国的规模得到了进一步的扩大。

《三国志·魏书·倭》裴松之论引《魏略·西戎传》记载："大秦国……（出）一微木、二苏合、狄提、迷迷、兜纳、白附子、薰陆、郁金、芸、胶、薰草、木十二种香。"其中"微木"即我们现在所说的"大巢菜"，别名野豌豆。据《拾遗记》载："宫人采带其茎叶，香气历日不歇，"可见这种植物的茎叶有很持久的香气；"苏合"即苏合香树所产的树脂部分，据记载，三国时投降曹魏的蜀将孟达曾向诸葛亮献香以求再回蜀地，所献的便是此香；"狄提"，据学者考证，疑为"香附子"，"狄"为西域诸国的代称，"提"或"缇"是指香附子的果实；"迷迷"即"迷迭香"，此处应是抄录有误，此香在三国时期便开始引种，魏文帝曹丕还写有《迷迭赋》，感叹它"超万里而来征"的特质；"兜纳"，又名"兜末香"，为橄榄科树所产的树脂"没药"，常与乳香一同入药，可治疗心脏疾病；"白附子"，在三国到南朝萧梁之时，曾从大秦进口，后由我国四川所产的白附子所替代，为天南星科植物独角莲的干燥块茎，有"祛风痰，定惊搐，解毒散结"等功效，尤对"中风痰壅，口眼歪斜"等症有治疗效果；"薰陆"即乳香，从汉代就已经传入我国；"郁金"并不是我们现代日常所见的观赏性植物郁金香花，而是产于印度、越南、伊朗等地的番红花属植物花朵的红色柱头，我们现在也称其为"藏红花"；"芸"即芸香，《说文》曰："芸香，似苜蓿"，这是说先秦时代我国本土所产的一种香草，别名"芸蒿"，叶子很香，而汉代以后的"芸

▼ 将各种香料搜罗在一起，以备合香之用。

香"则是指从罗马进口的，原产于欧亚及加那利群岛的芸香属植物"芸香"，这种植物有艳丽的黄色花朵和略带麝香味道的羽状复叶。如晋人傅咸所著《芸香赋并序》中写道"辞美高丽，有睹斯卉，蔚茂馨香"；"胶"即"枫香脂"，《新修本草》中记"枫香脂，一名白胶香，味辛，苦，平，无毒。主瘾疹风痒，浮肿，齿痛"；"薰草"原指我国土产"零陵香"，此香在先秦时期已被广泛使用，如《左传》中载："一薰一莸，十年尚犹有臭。"而产于大秦国的薰草应是一种夹竹桃科的香木，名为"多揭罗香树"，或是唇形科的香草"圣罗勒"，这两种香料在汉文中的译名都为零陵香；"木"即"木香"或"青木香"，为马兜铃科植物的干燥根部，此香在治疗毒肿和消除恶气方面有卓越功效。

除以上十二种外来香料外，这一时期还有很多其他香料也被记录在案，如藿香、豆蔻、甲香、硫磺香、沉香等。这些香料在当时都是非常昂贵的舶来品，只能被贵族们所享用，比如我们现在随处可见的迷迭香，在那时则是刚刚引种到我国的一种神秘的香草，因其馥郁浪漫的香气，曾受到曹丕、曹植等人的喜爱。魏文帝曹丕还将迷迭香草大量种植在宫廷之中，并邀请臣子们来观赏，善于作文的他们还纷纷作赋来赞美这种香草。如文帝自己所写《迷迭赋》：

　　　　余种迷迭于中庭，嘉其扬条吐香，馥有令芳，乃
　　为之赋曰：

坐中堂以游观兮，览芳草之树庭。重妙叶于纤枝兮，扬修干而结茎。……薄六夷之秽俗兮，越万里而来征。岂众卉之足方兮，信希世而特生！

时任平原侯的曹植所写《迷迭香赋》：

播西都之丽草兮，应青春而发晖。流翠叶于纤柯兮，结微根于丹墀。信繁华之速实兮，弗见彫于严霜。芳暮秋之幽兰兮，丽崑峖之芝英。既经时而收采兮，遂幽杀以增芳。去枝叶而特御兮，入绡縠之雾裳。附玉体以行止兮，顺微风而舒光。

东汉文学家应玚所写的《迷迭赋》：

列中堂之严宇，跨阶序而骈罗。建茂茎以竦立，擢脩干而成阿。烛白日之炎阴，承翠碧之繁柯。朝敷条以诞节，夕结秀而垂华。振纤枝之翠粲，动采叶之莓莓。舒芳香之酷烈，乘清风以徘徊。

东汉杰出文学家王粲所写的《迷迭赋》：

惟遐方之珍草兮，产崑峖之极幽。受中和之正气兮，承阴阳之灵休。扬丰馨于西裔兮，布和种于中州。去

▲ 手绘迷迭香图

原野之侧陋兮，植高宇之外庭。布萋萋之茂叶兮，挺苒苒之柔茎。色光润而采发兮，以孔翠之扬精。

东汉文学家陈琳所写的《迷迭赋》：

> 立碧茎之娜婀，铺彩条之蜿蟺。下扶疏以布濩，上绮错而交纷。匪苟方之可乐，实来仪之丽闲。动容饰而微发，穆斐斐以承颜。

这五人都好文学，也都交善，如《三国志·魏书·刘傅传》提到的："始文帝为五官将，及平原侯植皆好文学。粲与北海徐干字伟长、广陵陈琳字孔璋、陈留阮瑀字元瑜、汝南应玚字德琏、东平刘桢字公干并见友善。"试想这个场景，皇帝与这些文人们一同观赏从海外远道而来的珍异植物——通体芳香的迷迭香，大家都纷纷感叹，并写诗作赋来赞美此物，这样的一个场景也是着实的非常有趣了。

魏文帝喜爱香可谓达到了痴迷的程度，就连其父亲曹操去世之时，在其居丧期间还公然向吴主孙权索要雀头香等珍玩，还因此惹来了吴国君臣的热议，为其在世人眼中不羁的形象又添了一笔。然而这却远远不如他的另一桩举动更加引人注意，那便是迎娶薛美人的风流韵事：据载，三国曹魏之时，有一位十分擅长缝制衣服的美人，名为薛灵芸，为常山（今浙江衢州）人，虽然家世低微，却拥有绝世容颜，因而得到了魏文帝曹丕的宠爱。文帝迎娶薛美人的仪式非常隆重、奢华，在必经的道路两边布满名贵的香料用以熏烧，还在城墙外筑了基高三十米的"迎亲台"，将香烛列于台下，远处看就如众星坠落在地上一般。美人还在距京师数十里外，便能看见烛光辉映，相继不灭。由于迎娶的队伍规模宏大，在经过的路上便扬起无数沙尘，遮蔽了星月，所以大家都叫那晚为"尘宵"。这就如那时路过的行者所歌唱的："青槐夹道多尘埃，龙楼凤阙望崔嵬。清风细雨杂香来，土上出金火照台。"我们可以试想一下这样的场景，清风细雨中不断飘散而来的异国芬芳，浸在一片星辰中的迎亲台，再配上有一双巧手的绝世美人，还真是一场极其奢华的皇家婚礼，确实是一段令人称奇的帝王风流韵事，正为世人所乐见的谈资了。

曹丕虽如此用香，但其父曹操却对此事有不同的看法。早年曹操十分崇尚节俭，对用香一事很是介怀，曾下令道："昔天下初定，吾便禁家内不得香熏。"只是这条禁令收效甚微，所以他再三重申："吾不好烧香，恨不遂所禁。今复禁不得烧香！其以香藏衣著身，亦不得！"可见他的态度十分坚决。但是这样的禁令实际上有些不合时宜，到后来连他自己也不得不对烧香之事予以妥协，这个契机便是曹操将自己的三个女儿都嫁给了汉献帝做夫人，为了让自己的女儿们可以更加出众，可以香气袭人地服侍皇帝，从而为自己谋求更多的政治利益，曹操只能下令道："后诸女配国家为其香，因此得烧香。"不仅如此，他还为皇帝和自己的女儿们准备了各色香炉作为礼物，如《太平御览》中所记："御物三十种，有纯金香炉一枚，下盘自副。贵人、公主有纯银香炉四枚。皇

现代沉香雕刻品《坐观▶
云起时》。

太子有纯银香炉四枚。西园贵人铜香炉三十杖。"

　　曹操逐渐发现，将外来香料作为礼物从而为自己谋取利益，是非常好用的社交方式，因此便也认同了烧香这件事情，还曾赠予诸葛亮五斤鸡舌香，以传达愿与对方同朝为官的意欲。因为在那时，口含鸡舌香是上朝面圣时非常重要的官仪，这可以使朝臣们口气清香，以示对皇帝的尊重。虽然曹操送出的礼物并没有达到目的，但是这足以说明，在三国时期，香料已经是很重要的一种礼物形式了。此外，这件事情还可以说明诸葛亮应是一位喜香之人，不然也不会有那么多人将香料作为礼物送给他，除曹操之外，还有原为蜀将的孟达，也曾送其苏合香，目的是请求诸葛亮允许叛逃的自己还可以回到蜀汉，当然此事也未成功。但是从这两件事情来看，原本我们只知道的是诸葛亮其人谋略天下第一，却不知道他也是一个爱香之人，正所谓投其所好。对于这些昂贵的外来香料，若毫无节制地挥霍，那是奢靡；但是酌情少用，便可显其品味的高贵了。在典籍中虽然未记载过诸葛亮如何用香，不过如此金声玉振之人，想必对那用香之事也自有一套独特的见解吧。

# 六、两晋用香之奢与佛香渐盛

两晋时期形成了一种特殊的社会风气，门阀士族十分崇尚奢侈的生活方式，还喜爱互相攀比，以穷尽豪奢为时尚。在使用香料这个方面，更是各有奇思，争相斗奢，因此留下了很多的用香细节，记录在那时的文献之中。

谈到奢侈，首先要说的是西晋文学家石崇，他是当时非常有名的富豪，但是发家手段却不怎么光彩。据记载，早年间石崇在担任荆州刺史时，经常劫掠往来富商，将他们的财物据为己有，因此便获得了巨大的财富。后来又因为其善于钻营，所以一度富可敌国。此人最喜与人斗富，他修建的豪宅"金谷园"，其奢华的程度堪比皇宫，石崇自己都写道"其为娱目欢心之物备矣"，可见园内各种玩乐设施一应俱全，以石崇的性格来推测，这些"娱目欢心之物"，除了一些追求原野情趣的物品之外，其他生活用度应该也是极尽奢侈的。那时的文学政治团体"金谷二十四友"便常在这园中集会，史上著名的文人聚会"金谷宴集"也是在这里举办的。那时的石崇为了在这些友人和名士面前显示自己的富有，便在家中建造了奢华的厕所。厕所内不仅有各种昂贵的外来香料，如"甲煎粉""沉香汁"，还有十余个姿色不凡的婢侍来服侍如厕后的客人们更换新衣，这在当时应是独一无二的，所以很多人在石崇的厕所里闹出笑话，如西晋重臣刘寔，头一次进入石崇的厕所，以为误入了他的卧房，还很抱歉地和石崇解释，得到的回复却是"是厕耳"，于是刘寔只能感叹道："贫士未尝得此。"[①]

那时晋武帝司马炎有一舅舅，名为王恺，最喜与石崇斗富。他曾在晋武帝的协助下，与石崇斗富攀比，这件事居然使名不见经传的王恺因此而留名于后世，因此常常被时论者们所讥讽。据《晋书·石崇传》记载，王恺饭后用糖水洗锅，石崇便以蜡代薪；王恺做了紫经布步障四十里，石崇就做锦步障五十里；王恺用赤石脂涂屋，石崇就用花椒来涂，要注意的是，那时的花椒可不如现在这么常见易得，而是一种非常昂贵的外来香料，花椒涂屋也是非常奢侈的行为。面对如此富有的石崇，王恺当然比之不过，便引来了皇帝的加入。一次，晋武帝赐给王恺一棵珍贵的珊瑚树，高两尺多，世间罕见。于是，王恺便拿着这件珍宝去给石崇看。没想到却被石崇直接用铁如意击碎了，并当场说道："不足多恨，今还卿！"于是便命左右侍从取来自家的珊瑚树，其中高三四尺的就有六七棵，条干绝俗，当真罕见，至此王恺也只能黯然自失了。

另外，石崇还喜欢将昂贵的香料用在被其霸占的数千个美艳的女子身上。在房中欢乐的时候，石崇总是让数十个貌美的婢女每人口含异香，使得屋子里香气弥漫，自然散发。他还将沉香粉撒在象牙床上，让所爱的美人踩在上

① 《晋书·刘寔传》载："寔少贫窭，杖策徒行，每所憩止，不累主人，薪水之事，皆自营给。及位望通显，每崇俭素，不尚华丽。尝诣石崇家，如厕，见有绛纹帐，裀褥甚丽，两婢持香囊。寔便退，笑谓崇曰：'误入卿内。'崇曰：'是厕耳。'寔曰：'贫士未尝得此。'乃更他厕。"

明代，仇英《金谷园图》
（局部）。画中为石崇
与王恺的斗富场景，可
见石崇的珊瑚树确实罕
见。

② 《太平广记·石崇婢
翾风》载："使数十人各
含异香，使行而笑语，则
口气从风而扬。又筛沉水
之香如尘末，布致象床上，
使所爱践之无迹，即赐珍
珠百粒；若有迹者，则节
其饮食，令体轻弱。乃闺
中相戏曰：'尔非细骨轻躯，
那得百粒真珠？'"

面，如有体轻没有留下痕迹的，便会赏赐珍珠。②

　　然而这样的好景不长，正是因为西晋的这些门阀士族每天沉浸在这样奢靡贪婪的享乐生活之中，再加上统治集团内部长期争权夺利，最终导致八王之乱，覆灭了西晋王朝。所以在唐代诗人杜牧所写的《金谷园》诗中，便感叹了繁华落幕后的悲凉："繁华事散逐香尘，流水无情草自春。日暮东风怨啼鸟，落花犹似堕楼人。"

　　由此迎来的东晋时期更是四分五裂、动荡不安，统治者们也更加残暴不仁，争斗不断。这使得人民的生活非常悲苦，朝不保夕，充满了灾难和不幸。所以人们开始对现实世界感到无力，这便致使越来越多的人接受并开始信奉外来宗教——佛教，并把希望寄托在佛祖身上，期望得到

香事篇　045

保佑。加之东晋某些统治者的推崇，佛教便开始逐渐脱离了本土道教，慢慢走入大众视野。

"烧香"是佛教中最基本也是最重要的一种敬佛仪式，东晋的正史中不仅开始出现高僧传，还大量记载了"烧香"一事。如《晋书·佛图澄传》中记载后赵石勒时期，襄国城（在今河北邢台）的防御壕沟突然断水，国主石勒便向天竺高僧佛图澄求助。此高僧便带领弟子们到水的源头烧安息香，念咒做法，三天后护城河的水便复原了。传中记载如下："襄国城堑水源在城西北五里，其水源暴竭，勒问澄何以致水。澄曰：'今当敕龙取水。'乃与弟子法首等数人至故泉源上，坐绳床，烧安息香，咒愿数百言。如此三日，水泫然微流，有一小龙长五六寸许，随水而来，诸道士竞往视之。有顷，水大至，隍堑皆满。"这条记载有明显的"抬佛抑道"的意图，这说明后赵石勒对佛教是非常认同的。正因如此，佛教首次在中国历史上得到了最高统治者的认可并得以推广，从而才得到了空前的发展，随之一同而来的各种香料也获得了更多人的认识及使用，《佛图澄传》中就曾四次提到烧安息香做法事的事情，可见这种香是佛教中一种十分常用的香料，也是那时西域商人们首推的一种香料，前文讲到的汉武帝"烧神香治瘟疫"传说中的"返魂香"或许也是此香。③ 由此可见，在香料贸易中，安息香是一种非常重要的国际贸易商品。此香即印度所产橄榄科

③《中国伊朗编》姜·劳费尔（Berthold Laufer，1874～1934年）著，林筠因译，商务印书馆2016版，第316页。

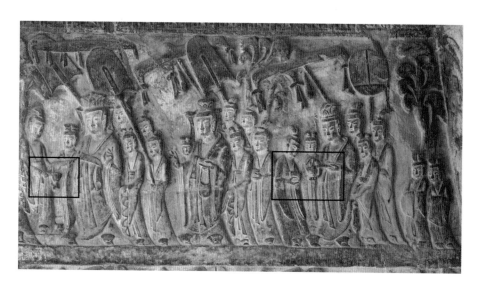

北魏时期，巩义石窟帝后礼佛图。图中有一人物（侍者）手持雀尾香炉，另一人物（帝王）正在为香炉中添香，此外还有第三位人物（皇后之一）也在添香。

植物（Commiphoramyrrha Engl.）的树脂部分，本名为印度没药。这种香料在西方也非常著名，《圣经》中曾记载：东方圣人带给犹太新生婴儿耶稣的三件礼物中，便有"没药"，据说此物为"祛邪除病"的象征。可见在早期的世界贸易中，没药被当作一种十分重要的国际商品，大量地营贩。正因这种商品贸易才促使各个贸易国产生了诸多具有各地特色的有关这一商品的相应文化，这是商品推广过程中的必然产物。

东晋十六国时期，除了石勒推崇佛教，还有一位地位高贵的妇人也对佛教颇为虔诚，即褚皇后。据记载，褚皇后一生多经变故，其夫晋康帝司马岳仅在位三年便去世了，而继承王位的晋穆帝只有两岁，所以褚皇后只能临朝称制，但这位皇帝十九岁便也去世。后来晋哀帝与其兄海西公共同统治期间，褚皇后再次临朝辅政数年。之后又在晋孝武帝时期第三次临朝。可见在这位皇后的一生中曾经历了数次亲人离失，生死相隔，非常坎坷。但是她却异常坚韧，在其临朝的这四十年中，辅佐了六位皇帝，为东晋王朝政治的平稳作出了很大的贡献。这样一个颇具传奇色彩的女人，也颇信奉佛教，据《晋书·康献褚皇后传》记载，在东晋大将桓温废除海西公时，她还在"佛屋烧香"，直到内侍禀明"外有急奏"时，她才从佛屋中出来，可见其处事不惊之态，也不枉后人评价的"见识开阔，气度宽宏"之语了。

东晋时，正是因为佛教被如此推崇，才首次出现了一种情况，即外来香料的消费者不再只局限于皇宫贵胄、门阀士族，一些佛教高僧和信奉佛教的普通百姓也开始使用。据统计，在后赵石勒时期，在佛图澄的影响下，光寺院就修建了893所，寺内所收弟子累计多达上万人。需要注意的是，这种情况在之前的历史进程中是绝对不会出现的，因为在汉代，佛教最初传入中国的时候，政府曾下达明确的禁令，不许汉人出家，不许汉人信奉番教。而到了东晋时期，虽也有一定的禁令，但却松动了很多，再加之一些贵族的追捧，使得佛教从这个时期开始得到了大力发展。到了东晋末期，全国的佛教寺院总计多达1768所，僧尼人数也多达24000人，这直接影响到了我国民间的信仰体系，促使更多普通百姓开始追随佛教的意旨而烧香拜佛了。

# 七、南朝兴佛道与北朝的胡饭

　　南朝时期，佛教得到进一步的发展，其中尤以宋文帝元嘉年间极为兴盛，当时的宰辅大臣们如王弘、王义康、范泰、何尚之等人都信奉佛教，上行下效，引得百姓们纷纷效仿，佛教的影响力逐渐深入人心，与其有关的产业也都得到了大力的发展，如《宋书·夷蛮传》记载，那时南海诸国多以佛教的名义来朝贡，他们对宋文帝大兴佛教给予了很多赞美，如诃罗陁国①所说："伏承圣主，信重三宝，兴立塔寺，周满国界。"东南亚的阇婆婆达国②则说："宋国大主大吉天子足下：敬礼一切种智安隐，天人师降服四魔，成等正觉，转尊法轮，度脱众生，教化已周，入于涅槃，舍利流布，起无量塔。"这些国家以此为由，将其本国特产的各式香料大量地贡贸于南朝，这种贸易便也逐渐变得合理且频繁起来。如《夷蛮传》中所载："大明二年，林邑王范神成又遣长史范流奉表献金银器及香、布诸物。"又如《南齐书·东南夷传》记载："永明二年，阇耶跋摩遣天竺道人释那伽仙上表称，扶南国王臣侨陈如阇耶跋摩叩头启曰：'天化抚育，感动灵祇，四气调适。伏愿圣主尊体起居康豫，皇太子万福，六宫清休，诸王妃主、内外朝臣普同和睦，邻境士庶万国归心，五谷丰熟，灾害不生，土清民泰，一切安稳。臣及人民，国土丰乐，四气调和，

① 诃罗陁国：古南海国名《南史·夷貊传上·海南诸国》："西南夷诃罗陁国，宋元嘉七年，遣使奉表。"

② 阇婆婆达国：亦称"阇婆达"或"阇婆"。古国名，领土位于今印度尼西亚爪哇岛或苏门答腊岛，或兼称这两岛。《宋史·外国传王阇婆》："阇婆国在南海中，其国东至海一月，汎海半月至崑崙国。"

南朝青瓷博山炉。炉盖为山型，饰有多种动物造型，很形象地模拟了山野之趣。郑州东方翰典博物馆藏。

道俗济济，并蒙陛下光化所被，咸荷安泰.'……并献金镂龙王坐像一躯，白檀像一躯，牙塔二躯，古贝二双，琉璃苏钲二口，琱瑁槟榔柈一枚。"还是以同样的理由"天化抚育，感动灵祇"，前来朝贡。这次的贡品中有"白檀像一躯"，应是一尊用白檀香雕制的佛像或其他神像，在那时十分珍贵，这也是投南齐武帝所好而供奉的宝物了。

南朝佛教至梁武帝时期便迎来了全盛之时，各国更加频繁地利用佛教的名义前来朝贡，如《梁书·诸夷传》中记载："天监元年，其（干陁利国）王瞿昙脩跋陁罗以四

张得一南朝青瓷博山炉全形拓。从这张拓片上也能看出炉盖上的动物造型。南朝青瓷博山炉，炉膛径12.2厘米，高34.7厘米。郑州东方翰典博物馆藏。

月八日梦见一僧，谓之曰：'中国今有圣主，十年之后，佛法大兴。汝若遣使贡奉敬礼，则土地丰乐，商旅百倍。……'"此国国王梦到一个僧人告诉他，中国现在有一位圣主，并断言十年之后，佛法必大兴，所以劝他赶快派使臣前往朝贡，这样以后就会"土地丰乐，商旅百倍"。在梦中，这个僧人还带他来到中国，并拜见了这位圣主。等到国王梦醒之后，他便按照记忆绘制了在梦中见到的那位中国圣主的画像，同时也派遣了使者及画工一同前往中国拜见皇帝，并奉表献玉盘等物。等到画工回来，将其带回的中国皇帝的画像与自己梦中圣主的画像对比，发现真的是同一个人。所以这位国王便对梦中僧人的话语深信不疑，开始来中国发展朝贡贸易。此国王去世后，他的儿子仍然以佛教的名义前来奉表献宝。足见佛教对于当时贸易产生了多么重要的影响。

所谓朝贡制度，是从汉代开始的一种中外贸易往来的模式，是以我国为中心，若周边国家前来贸易，便都称为"朝贡"。这些国家将自己产出的珍奇异宝通过海路或陆路运到我国，然后朝贡给政府，政府也要酌情以等价或高于原有价值的货品或金钱予以回馈，这种制度在我国一直持续到清代末期，直至世界格局发生改变，才从根本上改变了这种贸易模式。南朝时期，由于南北割裂，陆上丝绸之路受阻，使得南朝历代政府不得不大力发展海上贸易之路。南海诸国本都是香料的盛产之地，又因为南朝地处南方，自然与那些海外国家的贸易往来更加密切，所以便有更多的海外国家与中国建立了朝贡贸易关系，有些国家甚至取得了这种贸易关系里的优先权，如师子国（今伊斯兰卡）和天竺国（今印度），本就是佛教的来源国，所以信奉此教的南朝政府也会在香料贸易中优先考虑这两个国家，这无疑是这两国对外贸易的一大成就，是其经济来源的一大保证，在那时真可谓"土地丰乐，商旅百倍"了。

南朝时期，我国道教也得到了很好的发展，道教史上最为重要的人物之一陆修静便是这个时期的著名道家，他是南朝道教斋醮科仪的定制者，他在其著作《洞穴灵宝斋说光烛戒罚灯祝愿仪》中，规制了专门负责焚香的人员，为"侍香"一职："侍香，其职也，当料理炉器，恒令火燃灰净。六时行道，三时讲诵，皆预备办，不得临时有缺。"由此可见，"侍香"一职在祭祀祈祷仪式中非常重要，如果其不能如仪行事，也会遭到重罚，"行香不洗手漱口，罚油二升；侍香香烟中绝，罚油四升；临烧香突行，罚油一斤。"

我国中古时期，道教常用青木香来沐浴，如《云笈七世人皆法學之。撰和香方，其序之曰：麝本多忌，過分必害。沈實易和，盈斤無傷。零藿虛燥，詹唐黏濕。甘松、蘇合、安息、鬱金、㮈多、和羅之屬，竝被珍於外國，無取於中土。又棗膏昏鈍，甲煎淺俗，非唯無助於馨烈，乃當彌增於尤疾也。此序所言，悉以比類。明士：麝本多忌，比庚炳之零藿；虛燥，比何尚之詹唐；黏濕，比沈演之棗膏昏鈍；甲煎淺俗，比徐湛之甘松蘇合；比慧琳道人沈實易和；以自比也。

签·杂法部·沐浴》中便多次提到青木香，还说道教著名的“五香沐浴”便是使用青木香来沐浴的。《本草经集注》中“木香”词条写道：“生永昌山谷。此即青木香也。永昌不复贡，今皆从外国舶上来，乃云大秦国。以治毒肿，消恶气，有验。今皆用合香，不入药用。惟制蛀虫丸用之，常能煮以沐浴，大佳尔。”可见此时青木香也是从海外国家进口而来，还常用于合香和煮汤沐浴。

另外，南朝时期民间的香料贸易也十分活跃，当时广州为海上丝绸之路的贸易港口，海外商品都是从此处进入国内的，那时有《南齐书·王琨传》中所说到的如下状况："南土沃实，在任者常致巨富，世云'广州刺史但经城门一过，便得三千万'也。"可见当时以广州为枢纽的海外贸易有多么繁荣。但民间用香定是比不上权贵那般奢侈，所以便有一些并不太昂贵的香料开始大量进入我国。因此在这个时期，输入我国的海外香料品种有了大幅度增加，这使得南朝的人们有更多机会来研究和使用各种香料。所以在此时，我国正式出现了记载合香方剂的理论书籍，即《和香方》，虽然本部已经遗失，但从《宋书·范晔传》中收录的《和香序》中便可略知一二，即"麝本多忌，过分必害。沉实易和，盈斤无伤。零藿虚燥，詹糖黏湿。甘松、苏合、安息、郁金、棕多、和罗之属，并被珍于外国，无取于中土。又枣膏昏钝，甲煎浅俗，非唯无助于馨烈，乃当弥增于尤疾也"。在这短短几语中，便将多种香料的特点、性质描写清楚，这足以说明，在当时，人们对香料的认知已经非常系统，调和香料也开始出现基本理论了。而且，南朝时期还出现了"合香家"一职，《本草经集注》中"薰陆香""鸡舌香""藿香"等条目中，都提到了"合香家要用，不正复入药"，可见这时香料的制成品很受欢迎，所以此时也出现了多种记载合香方剂的书籍，除范晔的《香方》外，还有宋明帝刘彧所著《香方》和外来的《龙树菩萨和香法》等。

北朝时期，五个王朝的统治者均来自鲜卑，而北方的胡人也开始向南方融入，据北魏杨衒之所著《洛阳伽蓝记》记载："（北魏时期）商胡贩客，日奔塞下。"其中所谓的"胡"，即西域各地的商人。自拓跋建立北魏开始，这些胡商便经河西走廊与中原进行大量贸易，在这个过程中，他们也将自己民族的生活与饮食习惯一并带了过来，胡饭口味偏重，以肉食为主，这与中原地区原本的饮食习惯大不相同，所以很多人开始喜食胡饭，致使其常用的调味香辛料，如胡椒、筚拨之属开始从南海诸国大量进口而来。所以对于北朝人来说，外来香料于普通百姓的意义是更加偏重于饮食方面的。

北朝人在胡人的影响下，开始喜欢上了制作胡椒酒、和酒，如《齐民要术》中记载的"作和酒法"："酒一斗，胡椒六十枚，干姜一分，鸡舌香一分，筚拨六枚，下筵（筛子），绢囊盛，内酒中。一宿，蜜一升和之。"另外，北朝人还很喜欢胡饭中的"胡泡肉"，就是用姜、椒、筚拨等香辛料蒸煮的羊肉，《齐民要术》中不仅记载了这道胡食的做法，还说其"香美异常，非煮、炙之例"。

除了饮食之外，北朝的门阀士族还喜欢将外来的名贵香料用在美容日化产品之中，《齐民要术》中就记载了很多香泽、面脂、手药、香粉的制作方法，其中或多或少都会添加各种香料，以此来优化日常用品在使用中的体验感，如其中一则"合香泽法"："好清酒以浸香（夏用冷酒，

春秋温酒令暖，冬则小热），鸡舌香（俗人以其似丁子，
故为"丁子香"也）、藿香、苜蓿、泽兰香，凡四种，以
新绵裹而浸之（夏一宿，春秋再宿，冬三宿）。""香泽"
是古人在梳头时为了让头发服帖而涂抹的油脂。记载中写
到，调和这种香油，需要先用上好的清酒提取以上那四种
香料的香气，之后兑入油中。这种香泽是那时很常用的一
种日用品，普通人可以选择无香的，或是调和了普通香料
的。而王公贵族则会选用名贵香料来特制香泽，如《北史·魏
本纪》中记载："（大统元年）九月，有司奏煎御香泽，须
钱万贯。"可见宫中这种特制的香泽应是选用了非常昂贵
的外来香料调制而成的。

# 八、隋炀帝的元日大朝会

　　隋朝是中国历史上一个上承南北朝、下启唐朝的大一统朝代，虽然十分短暂，仅有三十八年，但却政绩斐然，留给后人诸多可以赏谈的政治亮点。就如隋文帝南下灭陈，统一中国，从而结束了自西晋之后长达三百年的分裂局面；又如隋炀帝非常重视国民经济，在位期间民生富庶，政治清明，开科举之制，营建洛阳，并修建了贯通南北的大运河，这些举措都对后世的繁荣产生了极为深远的影响。

　　隋炀帝在位期间极其重视国家经济，尤以对外贸易为重，他曾一度致力于保障原有丝绸之路的畅通，以求更好地促进隋帝国与周边各国的贸易往来。于是在大业五年（609年），隋炀帝派军击败定居于青海一带的吐谷浑国。此战不仅为隋朝开拓疆土数千里，还从根本上解决了干扰陆上丝绸之路的边寇问题。之后，隋炀帝还在此处建立了西海四郡，欲使商路更加畅通。只可惜这种局面并未维持多长时间，便被吐谷浑反扑，使得隋王朝又一次失去了陆上丝绸之路的掌控权。即使如此，还是可以看出，隋炀帝对待对外贸易持有非常积极的态度，这也为之后的经济发展做了很好的铺垫。

　　据载，在大业五年击退吐谷浑之后，隋炀帝便在燕支山大会高昌王、伊吾设及西域二十七国的国王及使臣，《隋

书·裴矩传》中便记载了这次高峰聚会的场景，"皆令佩
金玉，被锦罽，焚香奏乐，歌舞喧噪。复令武威、张掖士
女盛饰纵观，骑乘填咽，周亘数十里，以示中国之盛，"
可见这次聚会的目的是为了显示隋王朝的兴盛发达，很显
然这个目的已经达到：它促使隋与西域各国在经济文化的
交流上达到了一个前所未有的高潮，一改南朝时期"多南
来之香"的局面，使得西域诸国所产的香药珍玩，又一次
纷至沓来，一度恢复了南北同贸的局面。

　　不仅如此，隋炀帝还非常重视东南地区及南海诸国与
隋王朝的关系，他曾在大业三年（607 年）令羽骑尉朱宽

"入海求访异俗"，并到达了琉球，即今台湾地区；还在大业四年（608 年），南征林邑（今越南中南部地区），并获得了诸多沉香等名贵香料，据《大业拾遗录》记载："四年夏四月，征林邑国。兵还，至获彼国，得杂香、真檀、象牙百余万斤，沉香二千余斤。"可见此战为隋炀帝带来了十分丰厚的回报。

说到"沉香"，作为名贵香料，在隋朝时期显然拥有非常重要的地位，据《隋书·礼仪志》记载："（天监）四年，佟之云：'……又南郊明堂用沉香，取本天之质，阳所宜也。北郊用上和香，以地于人亲，宜加杂馥。'帝并从之。"此说用沉香来祭祀上天，主要是取其"本天之质，阳所宜也"，这明显继承了南朝梁武帝的祭天仪式，《隋书·礼仪志》也说道："高祖命牛弘、辛彦之等采梁及北齐《仪注》，以为五礼云。"

正因为对古礼的重视，隋炀帝仿佛对沉香也是情有独钟，不仅祭天要用沉香，每到除夕夜，也要焚燃大量的沉香来庆祝节日，据《纪闻》一书记载："隋主每当除夜（至及岁夜），殿前诸院，设火山数十，尽沉香木根也，每一山焚沉香数车。火光暗，则以甲煎沃之，焰起数丈。沉香甲煎之香，旁闻数十里。一夜之中，则用沉香二百余乘，甲煎二百石。"古时四马拉一车为一乘，十斗为一石，二百乘的沉香，二百石的甲煎，如此豪奢壮观的场面真是前无古人后无来者了，隋炀帝也因此背上了奢靡无道之名。

可是他如此乖张行事真的只是为图一时享乐吗？从其性格来分析，隋炀帝极好宏大场面，举办如此隆重的元日大朝会，更深层次的意义应是在于他极力想要为自己和整个隋王朝制造一个完美而富庶的形象，对内可使百姓臣服于天子之威，安定生活；对外可显隋朝之强盛，这样便可以引起更多国家的关注，"以示中国之盛，"从而更进一步拓展对外贸易，发展经济。当然，隋炀帝的这些举动也获得了相应的丰硕成果，大业年间，西域诸国前来朝贡者多达三十余国，据《隋书·西域传》载："大业年中，相率而来朝者三十余国，帝因置西域校尉以应接之。"

因为前来朝贡的国家太多，还需要设立专门负责接待的专职"西域校尉"，这确实是之前各朝从未有过的情况。

# 九、唐代香国和洛阳南市有香行

佛教经典《维摩诘经》中，有一篇名为《香积佛品第十》，文中描述了一个名为"众香国"的地方，说众香国的香气比起十方世界其他各国"最为第一"，其国的一切都是香的，他们"皆以香作楼阁，经行香地，苑国皆香，其食香气，周流十方无量世界"。我研究唐代用香文化的时候，就有这样的感觉，如果说这样的一个芳香国度真的存在过，那一定就像唐代帝国一般，无处不用香、无时不用香，香雨芳风随处可见吧！

唐代是中国历史上非常伟大的一个时代，它是当时世界上最先进的国家，周边各国都想与其有所来往，或是谋求利益，或是学习技术文化，各国使者纷纷来朝。隋炀帝曾想以焚烧大量沉香的行为来告诉世人隋帝国的富足，而唐代却无须如此，便也能展示出帝国的极度繁荣与昌盛。就如世界著名汉学家爱德华·谢弗所著《唐代的外来文明》中写道："提到木版印刷术、城市规划、服装样式以及诗歌体裁等等，这些其实都仅仅是显示了唐朝对其四邻地区在文化方面做出的巨大贡献。除此之外，我们还十分熟悉那些由外国人在唐朝境内搜求的，或者是唐朝人自己带往国外的商品：诸如丝绸之类的奢侈品、酒、陶瓷制品、金属器皿等，还有像桃子、蜂蜜、松果那样的，精致美味的食物。当然唐朝传到外国的还有文明手段——杰出的著作和精美的图画，"正是因为拥有这样的魅力，使唐帝国芳名在外。据考证，先后有七十多个国家和地区与唐朝建立了朝贡贸易关系，这个数量远远胜于前朝。这便是《通典》中所载："大唐贞观以后，声教远被，自古未通者，重译而至，有多于梁、隋焉。"唐朝政府为了接待各国使臣，还专门在长安设置了"鸿胪寺"，并差专人负责此类事务；为了更好地管理对外贸易，还在广州设置了市舶使，"总管海路邦交外贸，派专官充任，"这样的繁盛之状举世无双。

"北方的马、皮革制品、裘皮、武器；南方的象牙、珍贵木材、药材和香料；西方的纺织品、宝石、工业用的矿石以及舞女等——都是唐朝人，特别是八世纪时的唐朝人非常渴望得到的物品。"（《唐代外来文明》）所以唐代的对外贸易便显得非常重要。南北丝绸之路作为中外贸易的通道，唐朝人对其非常重视，并着力经营：在西域方面，唐军于公元640年攻取了高昌，之后又接连攻下了西突厥、焉耆、龟兹等地，最终在公元658年平定了西部，使得于阗以西、波斯以东地区，皆归唐朝统辖，这为陆上丝绸之路的贸易往来提供了前所未有的安定环境，为其繁荣发展带来了空前的机遇。

除北方，南海诸国也与唐朝的往来更加密切，很多国家和地区均来朝贡，其中以香药为主要朝贡商品，所以进口而来的香药种类也大幅度增加，比起隋代仅有的

四种南海香料，唐代已经增加到十九种之多，来朝贡的南海产香国家也多达十一个。《新唐书》曾评说："唐之德大矣！际天所覆，悉臣而属之，薄海内外，无不州县，遂尊天子曰'天可汗'。三王以来，未有以过之。至荒区君长，待唐玺纛乃能国，一为不宾，随辄夷缚，故蛮琛夷宝，踵相逮于廷。"可见评价之高。就因为这些国家的"蛮琛夷宝"纷至唐宫，又加上唐人对外来商品的喜爱，才使得唐代贵族们的生活如李贺所写："青骢马肥金鞍光，龙脑入缕罗衫香。美人狭坐飞琼觞，……"

　　唐朝人最喜在衣服上熏香，虽然此事在先秦便已有之，但秦时所用香料只有佩兰、薰蕙等国产香草，后来汉代开始对外贸易，始有外来的那些香气馥郁的香料，但是种类有限，并且非常昂贵，非一般人可用。到了唐代，香料种类大幅度增加，那些有强烈香味的香料更加多样，如龙涎、阿魏、苏合之属。这些香料点燃之后用来熏衣，所留香味既浓烈又持久，所以那时唐人用外来香料熏衣已是非常普遍的行为。如果"厩无名马，衣不熏香"，就会被那时的人认为是反常行为，可见当时养马熏香之风有多么地盛行。

　　唐朝人也非常喜欢在各种食物中添加进口香料，这些外来口味的食物是那时贵族们的偏好，就如《旧唐书》中所记载的："贵人御馔，尽供胡食。"这时的"胡食"已不单单是指那些胡商带来的餐食，而是概指一切外来美食。如《酉阳杂俎》中写道的两道著名的胡食，一为樱桃饆饠（bì luó），一为冷胡突。据学者考证，前者为一种抓饭，为波斯文 pilaw 的音译。欧洲的野生樱桃最初广泛分布在伊朗境内，公元 2 到 3 世纪传播至欧洲大陆普遍种植，而进入到我国则是在 19 世纪初期，由传教士带来。那么唐代的樱桃抓饭，做法虽是来自西域，但是所使用的樱桃却是我国久经培育的树种，其品类颇多，又可供食用，也可酿酒，据魏晋时期成书的中药学著作《吴普本草》记载："樱桃，旧不著所出州土，今处处有之，而洛中、南都者最盛。"到了唐代，樱桃更是随处可见。试想在唐代的街市上，饭庄林立，进门可点一道西域美食"樱桃抓饭"，此景也是颇有意思的。

另外，唐朝人烹制羊肉的时候也喜欢加入胡椒、荜拨等香辛料，为去其腥膻，这与南朝的"胡泡肉"极为相似，只是这时的这道美食已经非常普遍，是普通人也可享用的日常美食。孙思邈认为由"椒、荜"制成的羊肉可以"治五劳七伤之病"。所谓"五劳七伤"，《素问》中解释："五劳"为"久视伤血，久卧伤气，久坐伤肉，久立伤骨、久行伤筋；"七伤"为"大饱伤脾，大怒气逆伤肝，强力举重久坐湿地伤肾，形寒饮冷伤肺，形劳意损伤神，风雨寒暑伤形，恐惧不节伤志"，如此可见，由"椒、毕"烹制的这种羊肉可以强身健体，多食有益，所以建议喜爱食用羊肉的人定要常备这两种香料，以备烹制这道美食所用。

　　除了吃食，唐朝人还利用外来香料研发了很多种香酒，如《太平广记·申光逊》中记载的治头痛的"胡椒酒"[1]、李白《客中行》中的"郁金香酒"[2]、敦煌出土文书中记载的"诃梨勒酒"[3]，另外还有在《唐国史补》中记载的著名进口香酒"三勒浆酒"[4]等，其中"三勒浆酒"是用产于印度的菴摩勒、毗梨勒和诃梨勒这三种香料泡制而成，这些香料都是古印度非常重要且具有极高药用价值的常用香料。

　　唐朝人还将名贵香料用在建筑上，这样的用法虽然前朝也有，但只是一两人的个例，唐代则有许多人都这样做：如唐玄宗在兴庆宫曾建沉香亭，为了观赏牡丹，便命人将新种的红、紫、浅红、通白四种牡丹移种到沉香亭前。但"赏名花，对妃子"，没有乐词助兴怎能行呢？于是唐玄宗便差人持金花笺宣李白入宫。可是李白宿醉未醒，只能倚在沉香亭的栏杆边吟那首《清平调》："名花倾国两相欢，长得君王带笑看。解释春风无限恨，沉香亭北倚阑干。"如此芳香薰薰，名花乍放，一曲乐词动荡情乡，不是盛世又是何时？

　　可这芳香薰薰的沉香亭却远比不过宰相杨国忠的"四香阁"，那是"用沉香为阁，檀香为栏，以麝香、乳香筛土和为泥饰壁"，如此奢侈的四香阁，就连《开元天宝遗事》中都说："禁中沉香之亭远不侔此壮丽也。"如何壮丽，我们且粗略计算一下：据吐鲁番地区出土的唐代文书"大谷

① 《太平广记·申光逊》载："近代曹州观察判官申光逊，言本家桂林。有官人孙仲敖，寓居于桂，交广人也。申往谒之，延于卧内。冠簪相见曰：'非慵于巾栉也，盖患脑痛尔。'即命醇酒升馀。以辛辣物泊胡椒干姜等屑仅半杯，以温酒调。又于枕函中，取一黑漆筒，如今之笔项，安于鼻窍，吸之至尽，方就枕，有汗出表，其疾立愈，盖鼻饮蛮獠之类也。"

② 李白《客中行》："兰陵美酒郁金香，玉碗盛来琥珀光。但使主人能醉客，不知何处是他乡。"

③ 敦煌研究院藏《归义军衙内酒破历》载："廿一日，支纳呵梨勒胡酒壹瓮。"可见在那时这种"诃梨勒酒"是一种进口香酒。

④ 李肇《唐国史补》载："又有三勒浆类酒，法出波斯。三勒者，谓菴摩勒、毗梨勒、诃梨勒。"此三物均产于印度。

文书"记载:"沉香壹分,上直(值)钱陆拾伍文,次陆拾文,下伍拾伍文""白檀香壹两,上直钱肆拾伍文,次肆拾文,下叁拾伍文""麝香壹分,上直钱壹佰贰拾文,次壹佰壹拾文,下壹佰文"。乳香没有记载,那我们仅从沉香的用量来计算,"阁"为古代楼房的一种形式,一般为两层,周围开窗,多建于高处,可凭高远望。建这样规模的一个建筑,基本木材的用量定要以"吨"来计算,若是一吨沉香,只按下品每分值伍拾伍文来看,便需要7051贯钱。唐太宗时每斗米大约需要5文钱,这样算来,这一吨沉香可以买1410200斗米,但是想建一座气势恢宏的楼阁,一吨木材应是远远不够的。如此看来,光沉香这一种材料已经需如此庞大的费用,更不用说还要加上其他三种香料了,这怎能不说是"壮丽"呢?

　　唐朝人除了用香料来建造房子,还制作家具,唐玄宗曾"不限财力"地为宠臣安禄山建了一座豪宅,还送他两张白檀床,"皆长丈,阔六尺,"⑤非常奢华。另外还有唐懿宗曾送给安国寺高僧沉香高座,《唐会要》和《旧唐书》中均有记载,"幸安国寺,赐讲经僧沉香高座。"另外,唐人还用香料来制作各种器物,如现在日本正仓院收藏的御物中有许多精美的佩刀,其刀柄便是用沉香制作的。正仓院中还藏有一件"沉香金绘木画箱",全器都是用沉香制作。唐代还用沉香来制作棋子,如王建所著《宫词一百首》中有诗云:"分朋闲坐赌樱桃,收却投壶玉腕劳。各把沉香

⑤《资治通鉴·唐纪三十二》中载:"上命有司为安禄山起第于亲仁坊,敕令但穷壮丽,不限财力。既成,其幄帟器皿,充牣其中,有贴白檀床二,皆长丈,阔六尺;银平脱屏风,帐一方一丈八尺;于厨厩之物皆饰以金银,金饭罂二,银淘盆二,皆受五斗,织银丝筐及笊篱各一;他物称是。虽禁中服御之物,殆不及也。上每令中使为禄山护役,筑第及储偫赐物,常戒之曰:'胡眼大,勿令笑我。'"

双陆子，居中斗累阿谁高。"《太平御览》中还写到一种"沉香大枪"，非常威风："先天二年十月，亲讲武于骊山之下，征兵二十万。上亲摄戎服，持沉香大枪，立于阵前，威振宇宙。长安士庶，奔走纵观，填塞道路。"由此可见，唐代人对沉香真的是非常喜爱，且用量极大。

另外，唐朝人还喜欢无时无刻地熏香，就如唐诗中写到的那些场景"金炉半夜起氤氲，翡翠被重苏合熏""垂杨摇丝莺乱蹄，袅袅烟光不堪剪""博山炉中沉香火，双烟一气凌紫霞""朝罢香烟携满袖，诗成珠玉在挥毫"等等。

唐朝人还爱"斗香"，如《清异录》记载："中宗朝，宗、纪、韦、武间为雅会，各携名香，比试优劣，名曰斗香。惟韦温挟椒涂所赐，常获魁。"这是说唐中宗时期，一些官贵常办雅会，各自带上名香，来比较优劣，这种活动即为"斗香"，其中宰相韦温常凭借其堂妹韦皇后赏赐的名香获得魁首。虽不知他带去的都是什么香，不过想必皇后所赏赐的定是非常名贵的香料吧。还记得日本平安时期的名著《源氏物语》中所写到的"斗香"之事：因为明石小姐的入内仪式和其他几个重要典礼的举办，源氏查看了各太宰所献的香料，均觉得不如唐土舶来的好，也因此兴起了调香的事情。如此可见，唐土之香定是不俗，胜过了源氏的存香，还因此兴起了斗香的事情。看来鉴真东渡不仅将唐土之香带了过去，还将唐朝用香习惯也一并带了过去。这便是谢弗所说的，唐代为周边国家的文化所做的贡献。

在唐朝人的生活中，基本没有不使用香料的场合，处处悬挂着香囊、香球等物，连坐在车辇上也要熏香，就更不用说每日必用的那些日常生活用品了，如面脂、面膏、口脂、敷面粉、澡豆、香口、发膏、香泽之属，更是要加入香料的。孙思邈、王焘等大医均对各种香料的药用价值做了深入的研究，并加以使用，还将这些使用方法记录成书，这使得更多的香料进入到我国的医药领域，不再是南朝时期的"合香家要用，不正复入药"了，这便使这些香药发挥了更大的用途。这也使中国的用香文化真正地下移到了民间，从而开始造福更多的人。

唐人如此这般使用香料，已经形成非常庞大的经济规模，所以必有专供香料交易的市行。按照丝绸之路的路径来看，首先要研究考证的是吐鲁番一线（原高昌、西州、交河郡）。从此处出土的文书中便可看出，这个地区的商

五代，敦煌石窟第98窟，于阗国王供养像。冯仲年临摹。画中于阗国王手持香炉。

人确实是以贩卖香料为大宗贸易的，文书中所记载的香料的交易量和交易额都非常庞大，而且在此地活跃的为西域多个国籍的商人，如昭武九姓胡人、粟特人等，他们多以经营筚拨、麝香、龙脑为主。

此外，丝绸之路东方的起点长安也是香药的集散地，《长安志》中曾记载："市（东市）内货财二百二十行，四面立邸，四方珍奇，皆所积集。"可见东市规模之大，竟有二百二十种行当，"四方珍奇"均在其中，定也包含各种香料，因为在那时，香料的需求量毕竟是十分巨大的。

另外，唐代洛阳的市集规模也很大，如《大业杂记》中记载："丰都市，周八里，通门十二，其内一百二十行，三千余肆。"此集市中是否有香料贩卖，虽无明确记载，但是从洛阳龙门石窟中却能找到一些线索。如第 1410 窟北壁的一段铭文如下："南市香行社社官安僧达，……右件社人等一心供养，永昌元年三月八日起手。"由此可知，在永昌元年（689 年），也就是武则天统治时期，洛阳有一市集，名为"南市"，南市中有一"香行"，还成立了一个商业组织，名为"南市香行社"，其社长带领社内数人，一同供养捐资修建了这个石窟。其中社官名为"安僧达"，应不是汉人，而是在洛阳做香料生意的外来商贾。如此可见，这些外来的商人在唐朝经营香料贸易获利颇丰，正如唐代的一句谚语"秀才不识字，穷波斯"，意思是在唐朝的波斯人没有穷人，就像是秀才没有不识字的一样。

# 十、宋代官售香药与宋徽宗的香烛

　　正是因为唐代对外来香药使用的普及，使得"香药"这个物类逐渐发展成了犹如"盐""茶"一般的民生行业，就如《宋史·食货志下·香》中所写："宋之经费，茶、盐、矾之外，惟香之利博，故以官为市焉。"因此到了宋代，政府便开始转变对待香药贸易的态度，逐渐从消费者转变成经营者和销售者。

宋代，佚名《道子墨宝：地狱变相图》（局部）。纸本水墨。收录于《宋画全集》。画中小桌上摆放了一只带盖鬲式炉、一只圆形香盒及一只花瓶，这是宋代常见的摆放制式。

北宋仍非常重视对外贸易往来，开宝四年（971年），尚处于平定战乱时期的赵匡胤，一收到占领广州的消息，便马上下达了在广州建立市舶司的命令，并派遣特使前往规划香药从岭南入京的路线。《宋史·刘蒙正传》记载："岭南陆运香药入京，诏蒙正往规画。蒙正请自广、韶江溯流至南雄；由大庾岭步运至南安军，凡三铺，铺给卒三十人；复由水路输送。"可见宋太祖非常重视香药的贸易情况，还差了专人来负责规划此事。

"市舶司"在唐时初立，初名为"市舶使"，到宋代，改"使"为"司"，是政府在各港口建立的管理海上贸易的行政单位，有如我们现在的"海关"。由于宋元时期东西方海上贸易高度繁荣，便产生了"市舶贸易"的体系，通过市舶司的管理职能，宋代一方面加强了对海外诸夷来中国贸易的管理力度，同时也采取了很多积极的措施进行推进，逐渐形成了一种既鼓励又控制的贸易管理方针。按照《宋史·职官志》记载，宋代市舶司的职权有如下几点：一为接待各国贡使、招引蕃商；二为检查入港蕃舶；三为抽解与博买舶货；四为负责货物的运送、纳贡及出售；五为管理舶货的贩卖与交易；六为管理宋商的汛海贸易；七为执行海禁，缉访私贩；八为监督与管理外来商人所设铺坊；九为主持祈风祭海之仪。就拿香料贸易来说，外舶抵达港口时，需取货物中的一小部分呈交于当地市舶司，称为"呈样"。通过检查之后，便进行抽解，也就是征收税费。据专家研究，宋代的抽解税率大约是十分之一，因有大量货物入港，所以抽解是宋代政府的一项重要财政收入。另外，舶货中有一些种类的香料是不允许私人贩卖的，其中包括龙涎香、龙脑香、乳香等，称为禁榷货物，这类货物只能直接交由市舶司来处理，这便是"博买"。之后市舶司再将这些货物交由香药榷易院或各地榷货务来批发或销售到国内各地市场中去。在这个过程中，市舶司还会负责货物的运送，因为货物量巨大，所以需要分批运送，称为"分纲"。北宋时规定，像珍珠、龙涎香之类的贵重货物，为细色货物，每五千斤便成一纲，其余如象牙、犀角、紫矿、乳香、檀香之类，为粗色货物，每一万斤成一纲。只要组成"一纲"货物，便需要运送，市舶司便要遣派

一块老紫伽南香（局部）。▼

出一名差役负责管押，正因为如此，所以货物运费昂贵；而对于其他粗重而廉价的香药，负担不起运费的，便留在当地直接出售。

在那时，广州是一个非常重要的港口，有很多蕃货在此地停留、集散、转运，一时间繁华无二，有人还看到在此地蕃坊中，蕃人用象牙、犀角、沉檀香作为棋子来赌象棋，可见此地蕃贩而来的香料，数量应是十分庞大的。

大量的珍贵香料以这种形式运到京城后，一部分送到太府寺，贮存于内府香药库，以备宫内使用。如《宋会要辑稿·食货》记载："内香药库，贮细色香药，以备内中须索。"最好的一部分香药留于宫中，而剩下的另外一大部分则由专职部门，如榷易院等，负责分配到各地，销售于民间。

但是，即便如此，内库的存香还是日渐增多，最后甚至无处可放。据记载，太平兴国二年（977年），由于"犀角、香药、珍异充溢府库"，所以当时担任香药库使的张逊便提议在京内设置"榷易务"，将这些贡品稍加利润，出售到民间，允许商人们前来购买，任由他们进行贩卖，这样可以为朝廷每年收获五十万贯的"助经费"，以备他用，宋太宗同意了这个提议。之后第一年便获得了三十万缗（贯）的助经费，以后每年都会增长，最终达到了年获五十万的目标，这为朝廷获利不少。我们来估算一下，据《食货志》载，在太平兴国二年："金上等旧估两十千，今请估八千。"也就是说，在宋太宗时，一两黄金（一斤为十六小两）可以兑换八贯钱。那么五十万贯便等于62500两黄金，北宋时一两的权重约合现代450克左右<sup>①</sup>，以现在每克黄金约350元来计算，就是现代货币1125000000元的"助经费"。这确实是一笔不小的收入，以此来充填一部分国库，也是不无道理的。另外，据《宋会要辑稿·食货》记载，到了绍兴二十四年（1154年），临安、建康、镇江这三个地区的榷货务收入中，"香矾钱"约占总收入的5.3%，创一百多万贯的年收入。可见，宋代民间的香药贸易应是异常繁荣的，政府也因此获利颇丰。

说到用香，宋代人仍旧喜爱佩香、熏衣，也喜欢将香料加在饭食里，也常合制在日常用品之中，几与唐代毫无二致。其中也不乏一些有用香的特别者，如南宋赵鼎"堂之

①《中国古代度量衡》，丘光明著，文物出版社，1984年。隋、唐、北宋一斤的权重约640克，每斤为十六两，每两约40克。如此计算下来，五十万贯的助经费约为二百五十万克黄金。

四隅，各设大炉，每坐堂中，则四炉焚香，烟气氤氲，交合坐上，谓之香云"，这烟气弥漫，似有修仙之意，也是营造气氛的好方法；另外还有宋徽宗时的宰相蔡京，也是个用香极为奢侈的人，他接待客人的时候，会命一女童去焚香，可是等了许久都不见归来，客人们便暗暗责怪。不想过了一会儿，便有人来报，说是"云香满"，蔡京便让人将隔间的帘子卷起，只见香烟从帘后弥漫出来，如雾似云，客人们渐渐看不到彼此了。虽然这烟云很大，但是却闻不到焦火的味道，而且客人们回家后发现，那日穿的衣物几天后还有香味，都啧啧称奇。这便是这位权臣的待客之道，确实有几分特别。

▲ 宋代将乐窑香炉　为民间生活用品，造型雅致，适合日常所用

　　宋代人除了在生活中用香，还首次将香料添加在墨块与蜡烛之中，从而制成"香墨"和"香烛"。宋代李孝美所著《墨谱》中写道："制墨，香用甘松、藿香、零陵香、白檀、丁香、龙脑、麝香。"当时一些文人很喜欢使用这种"香墨"，"每书，其墨必古松之烟，末以麝香，方下笔，"宋代的皇帝们就偏爱这种香墨，《宋稗类钞》中有记载："熙丰间，张遇供御墨，用油烟入脑麝金箔，谓之龙香剂，""张遇"是油烟墨的创始者，以制"供御墨"而闻名于世，其所制"龙香剂"的配方一直相传至今，是为墨中极品，所以不只宋人，"张墨"一直都是历代文人、收藏家所追求的瑰宝。另外其子张谷、其孙张处厚也都是一代知名墨工。

　　此外，宋代的王公贵族还喜欢燃香烛。宋代的香烛是将龙涎、沉香、龙脑等名贵香料的香屑加入到蜡浆中，然后灌制而成的蜡烛。这些香烛在点燃的过程中，可以持续不断地发出香气，所以是宫闱生活中不可缺少的日常用品，宋徽宗就极为喜爱，如宋人叶绍翁所著《四朝闻见录》所写："宣、政盛时，宫中以河阳花蜡烛无香为恨，遂用龙涎、沉脑屑灌蜡烛，列两行，数百枝，焰明而香瀚，钧天之所无也。"这条记载是说宋徽宗不喜欢那种花烛，所以才特制了"香烛"，而且每夜都要点数百支，夜夜如此，真可谓极奢了。所以叶绍翁才会感叹道：连天帝的住所都见不到这样的场景吧。

宋代，刘松年《松荫鸣琴图》（局部）。绢本设色。收录于《宋画全集》。画中绘有炉几一只，几上置三足鼎式香炉。

宋代人用香，还有一事值得一提，那便是在宋代已经产生较有规制的用香方法，《陈氏香谱》中有载："焚香，必于深房曲室，矮桌置炉，与人膝平，火上设银叶或云母，制如盘形，以之衬香。香不及火，自然舒慢，无烟燥气。"这便是我们现在所熟知的"隔灰取炭"的熏香方法，即香料不直接接触炭火，而是火上置一枚银质小盘或云母，隔绝炭火的大部分热力，使小盘内的香料缓慢舒发香气，不燃烧，没有焦气，只取其香。这种方法已经显示出宋代文人用香的风雅之姿了。

# 十一、元代文人的《西厢记》与登峰造极的香药应用

到了元代，我国真正开始了大航海时代，元代政府不仅大力发展海上贸易，与更多的国家和地区建立外交关系，还曾多次出海征伐日本和东南亚诸国，虽然屡遭失利，但却并不影响其在海外威名的推广和海上贸易规模的扩大，从而使那时的中国进入到一个空前繁荣和开放的历史时期。南宋《诸番志》中记载了58个海外地名，而到了元代，在《大德南海志》与《岛夷志略》中，已经有多达220个海外国家及地区了，甚至已经远达今非洲等地。正如汪大渊在其所著《岛夷志略》中写道："皇元混一声教，无远弗届，区宇之广，旷古所未闻。海外岛夷无虑数千国，莫不执玉贡琛，以修民职；梯山航海，以通互市。中国之往复商贩于殊庭异域之中者，如东西州焉。"由此足可见元代对外贸易的繁荣景象。

虽然元代也如宋代一般，将市舶贸易当作其增加国家财政收入的重要项目，但是，元代却打破了"市舶之利，以资国用"的原则，而更加强调内外要互通有无的必要意义，并提出了"以损中国无用之赀（资），易远方难制之物"的外交方针，以此来显示元帝国之国威。

元代为了更大限度地获取海上贸易的利润，在至元二十二年（1285年）启动了所谓"官本船"的贸易模式，"于泉、杭二州立市舶都转运司，造船给本，令人商贩，官有其利七，商有其三。

元代，何澄《归庄图》（局部）。纸本水墨。吉林省博物馆藏。收录于《元画全集》。
画中几位士人围炉议事，炉台上摆放了一只香炉和一只香盒，香炉内香灰上置一银叶，应在熏香。

禁私泛海者，拘其先所蓄宝货，官买之。匿者许告，设有财，半给告者。"这个政策非常强硬，官造的船由民营，利润的七成都属于政府所有，而经营船的人却只能拿到三成利润。不仅如此，还下令禁止私船下海，如果被逮到，没收所有的宝货，由官府来卖。如果互相揭发，就将被揭发者的一半财产奖励给揭发者。如此规定，必将民间原有贸易在更大范围内纳入官方体系，再加上元代政府制定的"市舶则法二十二条"，更彻底地规范和控制了中国海外贸易，此举前所未有。

元代社会仍非常广泛地使用香料，如元代成书的《居家必用事类全集》中所记载的多种美容香方，不仅载有原方，还附了日用便携方。其中还提供了香药的日用方法，比如用来生发乌发的"金主绿云油方"；用于美白润肤的"八白散"，也名"金国宫中洗面方"，可见此方源于金代宫廷；另外，还有可使身体清香的"香身丸"等等。

元代人饮食中也常使用香药，如"元四家"之首的倪瓒所著的饮食类书籍《云林堂饮食制度集》中便有多个用香药烹制的美食，如"郑公酒法"："退砂木香一两为末，官桂一两为末，莲花朵蕊三十朵用须并瓣，碎捣，"以此来酿酒，想必香气会十分雅致。还有一道菜名为"热灌藕"，是"用绝好真粉，入蜜及麝少许，灌藕内，从大头灌入，用油纸包扎煮藕熟"，然后切片热着吃。

元代同时也非常流行用香料来制作药膳，如元代饮膳太医忽思慧所著的《饮膳正要》，此书是我国历史上第一本营养学专著，这其中有很多养生食方都需要加入香料：如补中益气、止烦解渴的"鹿头汤"，需要加入"毕拨一钱"；治疗黄疸、止渴、安胎的"鲤鱼汤"，需要加入"毕拨末三钱"；温中顺气的"马思吉汤"，需要加入"官桂二钱"；还有去湿逐饮、生津止渴的"桂沉浆"，需要加入"沉香三钱"；还有生津止渴、去烦的"荔枝膏"，需要加入"麝香半钱"，如此等等，不胜枚举。另外，在前文提到的《居家》一书中也有类似的方剂，如解醒、宽中、化痰的"醉乡宝屑"

方中需要"陈皮四两、丁香一钱"。如此看来，对于香料的需求，元代比宋代还要深入，真正是从王公贵族扩大到文人士大夫阶层，再到普通百姓，充满在日常生活的使用之中。这点可以从元代盛行的文艺形式"元曲"中看出，这些故事大多都来自民间，也正反映了普通人的生活状态。其中最值得注意的是，香料的使用已经成为他们的日常生活，如《西厢记》中，甚至用"香"来作为故事发展的引线，推动剧情：在张生初见崔莺莺时，便是在她烧香拜佛之际，就顺其自然地引了香名来进入那初见的画境："兰麝香仍在，佩环声渐远。"之后张生与莺莺对诗，也是在她焚香拜月之时，那真是"夜深香霭散空庭，帘幕东风静，拜罢也斜将曲栏凭，长吁了两三声，剔团栾明月如悬镜，又不见轻云薄雾，都只是香烟人气，两般儿氤氲得不分明"。再之后莺莺便借着焚香之名与张生私订了终身，虽几经周折，但还是有情人终成了眷属。虽是俗情一篇，但如果没有这"香"来做媒人，还真不知那故事将何去何从。

此外，还有元曲《拜月亭》，也正是因为一场"烧香拜月、吐露真情"的桥段，才使得故事有了转机，从此往好的方向发展而去。还有元散曲《水仙子·咏江南》，也用了一句"看沙鸥舞再三，卷香风十里珠帘"写尽了江南秋景。元曲中的用香场景不同于宋词或是唐诗，感觉更加生活化，并拥有了较深的融入感，真的变成了普通人的一种朴素的、仪式化的生活方式了。

元代在香料医药应用方面可谓登峰造极,在《回回药方》《瑞竹堂经验方》《御药院方》及《局方发挥》中都有诸多使用香药的方剂。其中《回回药方》为元代编纂的一部伊斯兰医药百科全书,其中有大量的香药使用经验,光残卷中所常用的外来香药就有 113 种之多,以香药命名的方剂也有十多种,如乳香饼子、白檀饮子、檀香膏、沉香膏子、荜澄茄汤等。有的方剂的组方甚至全部都是香药,如麝香膏子就是用麝香、肉豆蔻、草果、丁香、胡椒、荜拨、沉香、官桂、丁皮、良姜制作而成。另一部医书《瑞竹堂经验方》是由元代回回医药学家沙图穆苏·萨迁编纂,是集医疗、调补、美容为一体的医疗经验方书，其中有很多方剂都标有"海上方"，很显然这些方子都来自域外，是集合了中外医疗经验的一部珍贵医书，是一本古老的"中西医结合"的典型医药著作。此书中也有多种以香料命名的方剂，如"沉麝香茸丸"，是用沉香、麝香、南木香、乳香、八角茴香、小茴香等多味香料制作而成。另外，《御药院方》中专有一卷为《洗面药门》，此中记载了多种用香料制作的美白润肤品，如"御前洗面药""皇后洗面药""无皂角洗面药""洗手檀香散"等。以上三部医书虽都大量记载了香药的使用方法，但关于这些香药的治病功效却鲜少提及，或分布零散，不易抓其概要。唯有朱震亨所著《局方发挥》中做了较为详细的总结："又观治气一门，有曰，治一切气，冷气滞气逆气上气，用安息香丸，丁沉丸，大沉香丸，苏子丸，匀气散，如神丸，集香丸，白沉香丸，煨姜丸，盐煎

古籍《御药院方》内页 ▶
图片，方中多处用到香药。

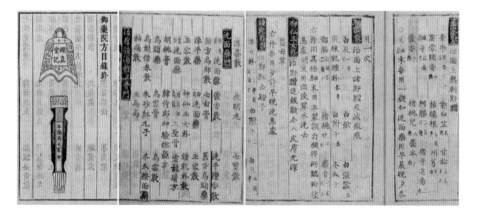

散，七气汤丸，痛温白丸，生姜汤。其治呕噎也用五膈丸，五膈宽中散，膈气散，酒症丸，草豆蔻丸，撞气丸，人参丁香散，其治吞酸也，用丁沉煎丸，小理中丸，其治痰饮也用倍木丸，消饮丸，温中化痰丸，五套丸，且于各方条或台曰口苦失味，曰噫酸，曰舌涩，曰吐清水，曰痞满，曰气急，曰胁下急痛，曰五心中热，口烂生疮，皆是明著热证，何为率用热药，夫周流于人之一身以为生者，气也。"由此可见，元代用香治病不仅经验丰富，还活脱变通，可以对症制方，既系统又复杂，竟已有非常完整的理论体系了。

# 十二、明代郑和下西洋
# 与文人们的"好香苦茗"

经过元末的战乱，社会经济已经非常凋零，所以明代初期，政府十分重视农业及传统手工业的恢复与发展。以此为契机，明王朝的社会经济得到了初步发展。到了明代中后期，有很大一部分人又选择了"弃农经商"，从最原始的行业中分离出来，投身到以贸易为主的社会活动之中，明代戏曲理论家何良俊曾在其所著《四友斋丛说》中对这一现象作了记载："昔日逐末之人尚少，今去农而改业为工商者，三倍于前矣。"虽然文人们视这种行为是"舍本逐末"，但它却无疑推动了明代社会经济更深层的巨大发展。

商业发展势必会使得商品流通的范围扩大，就拿江西景德镇的瓷器来说，据《江西省志》所载："自南而北，南交趾，东际海，西被蜀，无所不至。"由此可见，正是因为商人们的趋利性质，使得明代民间手工业得到了大力的推广。也正因为商业的扩大化，使得很多城市也得到了空前发展，如扬州，在明代初期设立之时，只有十八户人家，而到了万历年间，已发展为八十万户之多。正因为这样的发展，使得明王朝逐渐恢复成一个超级大国，屹立于当时的世界舞台之上。

明代农业、手工业及商业的稳步发展，使社会经济异

常繁荣，人民的收入水平也得到了很大提升，因而整个社会的消费水平也普遍提高，这便为香料等奢侈品的使用提供了一个非常良好的社会环境。

香药在明代的海外贸易中仍然占有非常重要的地位，但是相对于国内商业的开放态度，明代政府对其国民的海外贸易则是严防死守。明代虽继元代而立国，但却并未沿袭元代积极开放的"官民并用"的海外贸易政策，而是以贡舶取代商舶，将民间的海外贸易彻底纳入非法范畴，并开始实施"禁海"政策。这一政策时断时续，一直延续到清代晚期，竟逐渐演变成闭关锁国之态，终造成清代中国孤立于世界的结果。以史鉴今，反观现代中国，"改革开放""一带一路"均是非常重要的国家大政，只有与世界真正同步，才能恒立国本。

明代的"禁海"政策中有专门针对外来香药的政策，

如明代著名思想家顾炎武所著的《日知录》中有"禁番香"的史料，其中记载礼部曾出台"禁约"条例，宣明禁止从海外贩运香料入华，严禁沿海军民私自下番，否则处以重罪。应朝廷的号召，广东地方政府四处张挂禁令，还对其作了三条规定，原文如下：

> 祈神拜佛所烧之香止用我国松香、柏香、黄连香、苍木香、蒿桃香水之类，或合成为香，或为末，或各用，以此为香，以表诚敬。
>
> 茶园马牙香虽系两广土产，其无籍顽民有假此为名者，夹带番香贷卖，今后止许本处烧用，不许将带过岭，违者一体治罪。
>
> 檀香、降真、茄兰木香、沉香、乳香、速香、罗斛香、粗柴香、安息香、乌香、甘麻香、生结香，并书名，不书番香，军民之家并不许贩卖存留，见有者许三个月销尽。

这个禁令只许百姓使用国产香来祈神拜佛，外来香不许军民之家贩卖留存，甚至不许写有关番香的书籍，就连书名也不许含有番香之名。如此严苛的禁令对已经使用外来香料越千年的中国人来说到底有何特殊意义呢？

这可能与明太祖朱元璋对待外夷各国的态度有很大关系。他认为"海外诸夷多诈"，所以下旨命令各地"绝其往来"，只留下琉球、真腊、暹罗三小国作为允许入贡的夷族；另外还有一些较为深层的意义，由于外来文化对中国本土文化超过千年的影响与渗透，到了明代时期，中国社会中的很多文化现象已经变得"夏夷不分"、界限不明，这一点使得明太祖极为焦虑：他认为自唐宋以来，用番香来"通神明，辟邪恶"，就是自宋以来的"神器弄于夷狄之手，……衣冠礼乐日就陵夷"的悲哀，所以明代统治者耗费了大量的精力来号召百姓要"克己复礼"，恢复上古周礼，以正华夏文明。

但是如此诚恳的用心，在明代的收获却是非常微小的。虽然有禁令的约束，但是不仅不能断绝民间海外贸易的往

明代，仇英（传）《临贯休十六罗汉图卷》。纸本水墨。现藏于美国大都会艺术博物馆。
画中一位罗汉手持行炉，炉中正在燃香，香烟升腾。

来以及私贩番香的活动，就连番香的使用也并未受到任何影响。不仅如此，在明代，外来香药的使用甚至普遍到了整个社会，民间奢侈用香者不胜枚举。尤其到了晚明时期，"奢侈"更成为一种社会常态，连最应为"克己复礼"做出表率作用的士大夫阶层都加入奢侈用香的行列之中，并掀起了一股新的用香之风，正如张瀚所说："世风以侈靡相高，虽逾制犯禁，不知忌也。"这比起明代初建之时的严于治国来说，后世之侈真如末日狂欢一般的糜烂了。

明代对内虽有明确的对夷态度，但是对外却有"笼络四夷，怀柔远人"的大方策略。朱元璋时就曾宣布"不征"的政策，并主动遣使出访安南、高丽、占城等国，积极建立外交关系。这使得海外诸国的使臣络绎不绝地前来朝贡，所带来的贡品中除象牙、犀角、珍珠、宝石、孔雀、鹤顶等珍物之外，最主要的还是如沉香、檀香、降香、胡椒、苏木等各类香药。

永乐三年（1405 年），明成祖甚至动用大量财力遣派郑和自南海远航西方，欲与各国建交。其先后拜访了三十多个国家及地区，最远甚至到达了今天东非、红海等地，这便是"郑和下西洋"的壮举。"西洋"便是指自元代就逐渐开辟的非洲一线海上商路。而郑和的这次远航行动不仅圆满完成了为明朝政府恢复外交声誉的任务，还最大限度地扩大了明王朝的外交范围。但是即便如此，这次举动还是给明王朝造成了很多负面影响，因为如此气势恢宏的航海行动和厚往薄来的朝贡贸易制度，使得明代政府背负了沉重的财政负担，府库经费匮乏，自永乐二十年至二十二年，竟开始使用府库中囤积过剩的胡椒、苏木当作现钱来折支官员们的俸禄，如《明宣宗实录》中记载："春夏折钞，秋冬则苏木、胡椒，五品以上折支十之七，以下则十之六。"如此看来，在人类历史上，不仅只有欧洲人曾将胡椒作为财富的象征，我国明代时期的人们也曾将其被动地视为一种财富，代替货币而进行流通使用了。

明代中后期，由于科举制度中参加与录用之间比例的极度失调，使得很多文人对入仕之途感到绝望，所以转而寻求另一种生活方式来表达自我认知，其中家境比较富庶的，便整日陶醉于焚香、煮茗、交友、论道之中，如现代学者研究所说："明中后期，士人阶层从儒家所提倡的内圣外王的人生目标转向自我内心情感的体验，追求一种舒放、雅致、怡情的生活状态，崇尚清雅闲适的生活，焚香、煮茗、礼佛便是'雅致'生活的重要内容，这在当时文人的著述中随处可见。"①实际上，这样的追求一直保留在中国文人的生活状态之中，直至当今。这不仅是明代才开始的一种文人阶层的精神需求，也是很多中国其他阶层的人们所向往的一种终极的生活情态——闲云野鹤、澄怀观道，这大概与华夏文明的哲学内核有着很大关系吧。

明代中后期的士大夫们开始追求"名利不如闲"的人生境界，如明代博物学家谢肇淛所写："竹楼数间负山临水，……藏书万卷其中，长几软榻，一香一茗，同心良友闲日过从，坐卧谈笑随意所适，不营衣食，不问米盐，不叙寒暄，不言朝市，丘壑涯分，于斯极矣。"由此可见，在明代文人的认知中，香与茶都已经变成了一种文化语言，成为高雅脱俗、舒张个性的一种行为符号。所以文震亨说道："香茗为用，其利最薄。"它们已经融入中国文人的日常生活，已不以番邦本国为论，只消清雅舒曼，与精神同往，便也足矣。这时的用香文化仿佛已经转化为另一种精神内涵，是以番国之香彰显国人的高雅心境，两者已经开始充分融合了，并逐渐演变成一种本土文化，影响到整个社会的用香理念，这正是明代"禁香令"无法真正推行的一个重大原因。究其根本，还是国人对这些香料的需求——明人不可一日无香。

在明代，焚香、煮茗之事，已经不单单只是重视其中香料的用度，而是开始重视有仪式感的生活方式，重于追求一种人生境界，正所谓"净几窗明，好香苦茗，有时与高衲谈禅，豆棚菜圃，暖日和风，无事听闲人说鬼"[①]，其中的"闲"便成了明代文人们所推崇的一种至高的人生状态，这种状态并不是指闲来无事的碌碌之人，而是代表一种闲适的旷达心境，这种心境正是我们现代人所缺失的。那时为了培养这样的心境，还衍生出了为明代文人们所崇尚的"四般闲事"，即烧香、点茶、挂画、插花。这便是《长物志·跋》中说到的："有明中叶，天下承平，士大夫以儒雅相尚，若评书品画，瀹茗焚香，弹琴选石等事，无一不精。"如此这般，诞生于中国文人阶层的用香文化，即使使用的是外来香料，也生出了一种格调，以文人的清逸俊雅为特性，使很多人从根本上脱离了"以番香供番佛"的主要消费目的，逐渐使其变成一种可以塑造"物外高隐""雅致闲适"等环境氛围的精妙之物，而更加坚定了中国社会使用外来香料的生活理念，直至当下。

① 成敏译注：《小窗幽记》，中华书局 2016 年版，第 369 页。

▲ 明代，仇英《竹院品古图》（局部）。故宫博物院藏。文人们在雅集中必少不了闻香之事，此图中黄衣士人正在向香炉中添香。

# 十三、清代的闭关锁国
与清宫的用香生活

经历了郑和下西洋时期的航海巅峰之后，明朝政府就逐渐从海洋势力中退缩出来，并继续严厉实行海禁政策，这无疑加剧了之后中国的闭关锁国之态，并逐渐走向孤立。但是，与此同时，西方国家却正值航海热潮时期，他们积极向海外诸国拓展，并实施殖民政策，这种行为被美国著名历史学家 Philip D.Curtin 概括为："如果寻找基督徒与香料是欧洲人来到亚洲的动机，那么香料却是使他们留在亚洲的原因。"（*Cultural Trade in World History*）

最早来中国建立贸易据点的欧洲国家是葡萄牙。1517年，一个葡萄牙商人率领一支由八艘商船组成的舰队，满载胡椒等物，抵达广东屯门，试图建立与中国的商贸关系。但是此行并不顺利，并未取得明代政府的信赖。虽然如此，此次举动还是为之后可以扩大中欧贸易提供了一定的机会。经过葡萄牙商人们的多年努力，在1560年左右，他们终于取得了居于澳门的权利，同时获得了与中国沿海地区自由贸易的机会。

紧随葡萄牙而来的是西班牙商人，之后还有荷兰商人，只是他们的到来都曾遭到当时清政府的坚决抵制，虽暂时未获得真正的通商许可，但是也对中国海外贸易产生了巨大影响。伴随着这些西方殖民者的到来，亚洲地区香料贸易的格局便产生了根本的改变，逐渐演变成世界多个国家竞逐的贸易形式。同时加之清朝建立初期的社会动荡，虽沿袭了前朝的朝贡贸易制度与海禁相结合的政策，但周边各国还是持观望态度，许久之后才陆续前来修贡。而与此同时，西欧国家却在南亚地区开展了非常良好的贸易活动。在清政府陆续重建与海外各国朝贡体系时，便不得不将葡萄牙、英国等西方国家也一并纳入朝贡国的行列，进而允许通商。从这个时候开始，外来香药在中国的对外贸易中长达一千八百年的重要地位逐渐被其他商品所取代，再也不能像之前各个朝代那样，可占进口税额的一半以上，仅能与纸札、颜料、珍玩一起被纳入杂货门类。至此，中国用香文化的鼎盛时期正式宣告结束，并逐渐淡逝在人们的视野里。而此时值得一提的是，替代香药进口税额的那些商品中，居然包括曾经只作为麻醉药材而少量进口的鸦片。为了打开中国这个庞大的市场，或许从荷兰人最初想要进入中国开展贸易之时，这场阴谋就已经开始酝酿了。

不管中西方贸易形式如何，清代宫廷仍然保有大量使用外来香料的习惯，这从两大故宫博物院所收藏的清代传世外来香料实物中便可获知：如北京故宫博物院所藏四色香，是用缎面木质套盒装有的沉速香丁、沉速香片、檀香方丁、藏俺叭香四盒香料；另外，北京故宫博物院还藏

清代老伽南香数珠。▶

有多种香油，如丁香油、檀香油、薄荷油、巴而撒末油等；还有台北故宫博物院收藏的清代各色沉香及伽南香制品，其中包括多件沉香制雕刻品、多件伽南香制数珠及伽南香制配饰等。

此外，清宫史料中也有很多用香的记载，如《国朝宫史》中所记，乾隆的母亲孝圣宪皇后六十大寿的寿礼中就有多件香物："皇太后圣寿恭进……瑶池佳气东莞香、香国祥芬藏香九九、延龄宝炷上沉香一盒、蜜树凝膏中沉香一盒、南山紫气降香一盒、仙木琼枝檀香一盒、金界云芬芸香一盒、万年松液藏松香一盒、黄英寿篆香饼一盒、朱霞寿篆香饼一盒、蔚蓝寿篆香饼一盒……"可见孝圣宪皇后十分喜爱用香，宫中臣子便纷纷投其所好。

清宫中使用香品的种类也有很多，除前文提到的那些香油，还有英国进口的香水。另外，最为常用的是用诸香合制而成的香饼、香丸、篆香等，还有用木质香料切割磨制而成的香丁、香片、香面之类。如档案中记载："雍正五年三月初十日，首领太监程国用交来碎红藏香，重一斤十四两……传做宫香饼用，记此。""首领赵进忠交沉香一块，重九十两，传旨：著劈香丁，钦此。""（为重阳节）做备用沉香方丁八两，紫降香方丁八两，唵叭香八两。""员外郎海望奉旨：龙挂香味甚好，照龙挂香料配些香面。"等等，此类记载不胜枚举。

众香料中，沉香及伽南香的使用最为频繁。清宫中日常礼佛的香料多为沉香，"天穹宝殿月例用中等沉香三两，钦安殿月例用中等沉香二两，慈宁宫佛堂月例用中等沉香一钱，慈宁宫东西配殿月例用中等沉香一钱，寿康宫东暖阁月例用中等沉香一钱。"如此看来，用沉香礼佛在清宫中已成惯例。

另外，清宫中还常用伽南香，此香又名奇楠香、棋楠香、茄楠香等，为外来香品的音译名称，原指产于古占城国的与沉香同科属、不同性状的一种外来香料，最早出现于宋代文献。宋代官修《宋会要》的蕃夷历代朝贡篇中记载："乾道三年十月一日，福建路市舶司言：本土纲首陈应祥等昨至占城蕃，蕃首称欲遣使、副恭赍乳香、象牙等前诣（太宗）进贡。……继有纲首吴兵船人赍到占城蕃首邹亚娜开具进奉物数：……加南木笺香三百一斤、黄熟香一千七百八十斤。"其中"加南木"即为此物，即占城国前来进贡之物。后来有人发现海南地区也可以产出相同性状的香料，便称其为"土伽南"，如《粤海香语》中记载："产占城者，剖之香甚轻微，然久而不减，产琼者，名土伽南，状如油速，剖之香特酷烈，然手汗沾濡，数月即减。"前者"占城者"，为今越南芽庄地区所产伽南香，而后者为产于今我国海南地区的白木香种伽南香，两者在性状上十分相似，只是发香的特点及香气有所不同，但是前者的产量较后者却要多出很多，所以早中期清宫中常用的伽南香多为占城国贡贸而来的。

伽南香相较其他沉香品种，在药用价值方面效果更为突出，且产量稀少，再加之其所拥有的无与伦比的绝美香气，故自宋代以来便被人们极力推崇。直到清代，仍是王公贵族们独享的一种名贵香料，在清宫中甚至要委派专人来鉴定此物，可见对其的重视。如《内务府造办处档案》中记载："雍正四年二月初七，员外郎海望持出沉香一块，重七斤。奉旨：著认看或是伽南香，或是沉速香，认别分明，亦造办处库内，钦此。"之后又记："于本日，据牙匠叶鼎新认看得，不是伽南香，是沉速香，记此。"其中，叶鼎新为清代著名牙雕匠人，想必他在雕刻各种材料的过程中常见伽南香，便有了诸多经验，所以才被特意请来认看此香，宫内还特意将此事记录下来。

清宫中所使用的伽南香多来源于外藩朝贡，或是海南、广东等地的官员进贡而来，如《钦定大清会典事例》中记载："乾隆八年，安南国王阮福映纳款入贡，进伽楠、沉香、速香……凡十有四种。"安南国在今越南河内、顺化地区，

此为其进贡各种香料珍玩的记录。又如《清宫内务府造办处档案总汇》中记载："雍正六年十一月初八日，太监张玉柱、王太平交来伽南香一块，重十六两七钱，随锦匣，系总督孔毓珣进。"此为地方官进贡的记录。

这些香进贡到清宫，多被存放在各府造办处的库房之中，然后依旨被加工成数珠、摆件、笔筒、手把件、配饰或制成香品及药物，各尽所用。如《档案总汇》中记载："雍正九年十二月二十九日，首领萨木哈来说太监王常贵交伽南香大小十一块，重五十八两，系祖秉圭进，传旨：著告

现代沉香雕刻品《怀素著书》。

诉海望从前所交下的伽南香内挑些好的，可以做数珠的，著常保、首领太监萨木哈奏明时再做。"此外，《红楼梦》中还写到贾母八十大寿时，元春送来了"沉香拐拄、伽南珠、福寿香"，这些都是宫中之物。

在清宫中，伽南香还会入方制作成一种名为"平安丸"的成药，并被大量使用。"平安丸"是用来日常治疗心胃疼痛的良药，据《清宫医案研究》记载，此丸具有理肝脾、顺升降的作用，是由丁香、草果、伽南香、槟榔、香附、元胡、枳实、砂仁、麦芽、草豆蔻、陈皮、白术、豆蔻、山楂、青皮、神曲、茯苓和木香合制而成。此药在清宫中的用量极大，皇帝们除自己留用之外，还大量赏赐给下臣，以犒劳他们的功勋。如《档案总汇》中记载："雍正十二年正月二十七日，笔帖式宝善来说内大臣海望奉旨：著赏尚书职衔查克丹平安丸一千丸带往军前应用。""赏察汗叟而·巴尔库尔军营平安丸五千丸，赏扎克拜他黑克军营、孔郭尔鄂龙军营平安丸五百丸，赏蒙郭尔花罗海军营平安丸五百丸，赏推河军营平安丸一百丸。"可见此药用量之大。

而到了清代后期，由于安南、占城等国沦为法国殖民地，使得进贡到清宫的伽南香数量锐减，乃至断绝供应，因此难以满足宫中所需，所以此时平安丸的方剂中只能将伽南香改为海南所产的落水沉香，并有记载说，两者药性相同。至此，平安丸方剂中的伽南香便彻底消失了。

此外，还有一事需要一提，清末法国殖民于安南、占城等地时，为其香水行业服务，曾从这些地区大量开采伽南香，以备提取香油所用。所以，时至今日，对于越南来说，这一物种已濒临灭绝，产量已非常稀少了。

# 十四、儒家德馨

在南宋时期形成的儒家十三经，是研究我国儒家思想的古代经典集合。儒家学士们对于香与香气的理解，几乎在每一部作品中都会有或多或少的提及，可见，"享受香气"是每个人在生活中都不可缺少的一种自然需求。先从诞世最早的《诗经》说起，如《大雅·生民》一篇，是周人记述其始祖"后稷"从出生到创业的一部长篇史诗，诗中写到那时的祭祀场面，"取萧祭脂，取羝以軷"：即从"舂米"开始，再淘洗好米，蒸饭的热气腾腾而升；燃烧混合有牛肠脂的艾蒿，气味芬芳；杀了公羊，取下羊皮，烤熟了供奉给神明们享用；把祭品装在碗里，香气四溢，祈求上帝来品尝。这就是后稷所开创的祭祀礼仪，这是他在创业伊始，对天地神明感激之情的真切表达。

到了《尚书》，显然已经到了治国阶段，所以才有"至治馨香，感于神明"，这时已经开始关注君王个人的德行，注重治世的功德，这就如东晋史学家习凿齿所言"夫理胜者，天下之所保；信顺者，万人之所宗"，所以才会说到"黍稷非馨，明德为馨耳"，其意为最好的政治会发出香气，感动神明，不是祭祀时所用谷物发出的香气，而是"圣明的德政"发出的香气，这才是至治之馨。

到了《礼记》，便更加详细地说明供奉天神，香气最

为重要，所谓"至敬不享味，贵气臭也"。这就是说祭祀
社稷之神和五祀之神的大祭时需要用在热汤中煮至半熟的
牲肉，当祭祀鬼神的小祭时才用熟肉，这是因为半熟的牲
肉气味更加浓烈，祭祀至为尊敬的天神不应以食物的滋味
为贵，而是要以气味的浓郁为贵。就因为我国自古就有这
种对香气崇尚的习俗，所以才致使之后的人们对那些外来
的、拥有浓烈香气的香料产生依赖，才能使外来香料贸易
异常繁荣。

　　另外，《礼记》中还写道，诸侯们朝见天子或互相聘问，
在宴会上要献郁鬯酒，也正是因为"贵气臭"的道理。《十三
经注疏校记》中记载道："周人尚臭，灌用鬯臭。郁合鬯，
臭阴达于渊泉。"儒家一直崇尚周礼，自孔子开始，后世
贤士一直在提倡"克己复礼"，所遵行的也是周人的礼仪。
周人在祭祀礼仪中最崇尚香气，所以儒门后学也多以香气为美，因此才会产生诸如喻屈原的"香草美人"之说，以香气喻志，以香气喻己，是儒家忠士最常用的感怀方式，后世范晔在其《和香序》中用的也是这种方法。

《礼记》中还有两种礼节与香气有关，一为"沐浴"之礼：《礼记·王制》中有载："方伯为朝天子，皆有汤沐之邑于天子之县内。"沐浴是朝见天子之前要做的事情，是一种重要的访问礼仪。沐浴时可以使用淘米水，所谓"燂潘请靧"，也可以使用如《九歌·云中君》中说到的"浴兰汤兮沐芳"，使自身带有香气，更加干洁。另一种礼仪为佩戴"容臭"，即香囊，如《礼记·内则》中所记："男女未冠笄者，鸡初鸣，咸盥漱，栉、縰，拂髦，总角，衿缨，皆佩容臭，昧爽而朝，问何食饮矣。"这是说未成年的男女每日早晨要遵行的礼仪，其中就有佩戴容臭一项。清代《日讲礼记解义》第三十卷中解释了"佩容臭"的用处："此言未冠笄者事亲之礼也，容臭香物可助为容饰者，佩之恐秽气触尊者也。"也就是说，用佩戴香料来祛除自身的浊气，为敬见长者的重要礼节。

# 十五、释门香国

外来香药初到我国，一是为了治疗某些疾病，另外还有一种用途，就是传播宗教。如《法苑珠林》中解释的："佛神清洁，不进酒肉，爱重物命，如护一子。所有供养，烧香而已。"可见，"烧香"一事对于佛教来说是非常重要的侍佛礼节，就如我国上古先民以香气供奉天地神明一般，佛教也十分注重香气的供养，那些香料作为佛教的附属品，曾以其名义得到很大推广。

"若于如是诸佛、如来，以清净心种种供养：香花璎珞、幡盖敷具，布在佛前，种种严饰，上妙香水澡浴尊仪，烧香普熏运心法界。"从《浴佛功德经》中的这段经文可以看出，除要以香供佛之外，教义里更注重个人内心境界的修养，以求有一颗清净之心，来对待世间遍法。所以种种香气不单是用来供养佛菩萨的，还有助于信众们修身养性，让自己的精神世界遍熏芳华，此为"烧香"的重要意义。

佛教早在汉代就随西域商客来到我国，在很长的一段时间里，在异乡传播的它，是要借助于本土儒家、道教的哲学来进行推广的，这个时间被称为"格义佛学"时期，就是用我们本土的思想来解释外来的文化。实际上，自汉代以来，直到东晋，历代政府都是不允许汉人信佛出家的，如《高僧传·晋邺中竺佛图澄》中所写："往汉明感梦，初传其道。唯听西域人得立寺都邑，以奉其神。其汉人皆不得出家。魏承汉制，亦循前轨。"因为那时的帝王们认为，佛教为"蕃教"，他们的"降神"之礼与我们本土的"敬神"之礼，从思想上有本质区别。但是，到了魏晋时期，由于社会环境极度动荡，人们的生活非常悲苦，这自然而然地将大众渴望救赎的内心推向了有"救世"教义的外来宗教；再加上清谈之风大热，很多名士乐于将外来的哲学翻译成汉文，这无疑使佛教的思想更加容易被我们所理解。至此，佛教终于脱离了本土宗教而独立发展起来。

东晋时期，我国的佛教学者释道安首创了"行香定座法"，此法作为诵经行香的礼仪之后，我国的僧人们便在讲经、斋会、诵经和个人修持时，都离不开"烧香"一事了。那时"行香"是佛教法会的重要仪式之一，即法师主持法会，升座说法时，便要向他燃香礼敬。《金光明经·四天王品第六》中记载："……是诸人王手擎香炉，供养经是其香遍布，于一念顷变至三千大千世界……"于魏晋时期产生的"鹊尾香炉"便是"诸人王手擎"的香炉，是为行香之用的法器，一般供养者会手持这种香炉，为坐上的佛祖或高僧供香，这样的场景常常出现在魏晋隋唐的壁画或画作之中，如敦煌榆林窟25窟的南壁上，就绘有一位女者，手持一只鹊尾香炉，参加盛大法会。还有山西朔州崇福寺弥陀殿金代壁画中的胁侍菩萨，左手持鹊尾香炉，右手势状添香，此均是行香的场景。

而释道安作为当时最为知名的佛教学者，其所做的最大贡献不只是将佛教的用香仪轨普及于世，更重要的是他曾积极地用中国的传统文化来阐释佛教，深入浅出，便于理解，在当时真正开创了"蕃理为中用"的推广方式。这使得佛教很快地融入了中国古典哲学之中，从而更易于普及到那时的精英阶层，为后世佛教的大盛，奠定了非常好的基础。

到南北朝时，由于帝王们的支持，佛教终于大盛于中华，其中烧香拜佛之礼更是不能缺少。南朝梁武帝最为崇尚佛教，《佛祖统纪》中曾记载："武帝华林园受八关斋戒，帝不豫，诏诸沙门祈佛七日，天象满殿。"

帝王崇佛之事，到了唐代更甚，唐代宗为供佛"每春百品香，和银粉以涂佛室"，竟用百品香与银粉来粉刷佛室，很是奢侈。还有女皇武则天，她曾用自己一年中部分的脂粉钱来修建龙门石窟的卢舍那大佛，也可以看出她对佛教的推崇。另外，在唐代，连文人士大夫们都开始热衷于焚香礼佛之事，《旧唐书》中记："（一些官员）退朝之后，焚香独坐，以禅诵为事。"如此可见，与舶来香料一同进入中华的外来宗教，不仅取悦了我们的感官世界；两者相伴，还一同走进了我们这个东方大国的内心世界，使得这里的人们开始真正地相信"因果轮回""流浪生死"的番国哲学。

▲ 清代，金廷标《岩居罗汉像轴》局部。故宫博物院藏。画中侍童正在认真地为一只鹊尾香炉中添香。

# 另 附
## 《翻译名义集》中梵文香料解析

梵语，是印欧语系最古老的语言之一。和拉丁语一样，已经成为一种属于学术和宗教的专门用语。梵文的"悉昙体"于唐代初期传入中国，是汉译佛典的根本原文。因此直到今天，还有很多与佛教有关的词语是梵文音译所建。

《翻译名义集》为南宋平江景德寺僧法云编纂，共 7 卷 64 篇，属佛教辞书。此书将散见于各经论中的梵文名字分类解释、编集而成，另有刊行本在《阅藏知津》中作 14 卷，明代藏经作 20 卷，共收音译梵文 2040 余条。

此书第三卷中讲到了五果、众香、七宝等，下面我就把大家熟知的佛教香华，根据书中记载讲解一下。

"香"与"华"是两个概念，一是指美好的气味，一是指美丽的花朵，都是供奉的无上功德。书中第三十三卷为百华篇，第三十四卷为众香篇，本书只讲解众香之意，"百华"待后续著作中再作解析。


原文：

《净名疏》云："香是离秽之名，而有宣芬散馥腾馨之用。"

《感通传》天人费氏云："人中臭气，上熏于空四十万里，诸天清净无不厌之。但以受佛付嘱令护于法。佛尚与人同止，诸天不敢不来。"故佛法中，香为佛事。

如《大论》云:"天竺国热,又以身臭故,以香涂身,供养诸佛及僧。"

《戒德香经》阿难白佛:"世有三种香,一曰根香,二曰枝香,三曰华香。此三品香,唯能随风,不能逆风。"故今所列,并此三也。


译文:

《净名经疏》说:"香"是因为离开污秽而得名的,有宣发芬芳、散布香馥、升腾馨芳的用途。

《律相感通传》天人费氏说:"人世间的臭味,上熏空界四十万里,诸位清净佛众没有不厌烦的。但是因为受到佛祖的嘱咐,令其尽心守护佛法,况且佛祖尚与世人共同栖止于同一个天下,所以诸位天人不敢不来。"因此,在佛法中,香是佛家事物。

《大智度论》第九十三卷说:"天竺国天气炎热,人们身上多有臭气,用香涂在身上,以此来供养佛祖和僧人。"

《佛说戒德香经》中记载阿难问佛祖:"世间有三种香,一为根茎香,二为枝干香,三为花果香,只能顺风熏,不能逆风。"故如今所罗列的,就是这三种。


说明:

这一段为佛教对"香"的经典记载和解说,如此可以看出,在佛家,"香事"即"佛事",对于修行和供养,"香气"是非常重要的一件事情。如果从这个角度来看待文化,中国用香的文化乃至世界范围内的佛教国家的用香文化,都不曾产生由于政治与战争而导致的断层。所以,单纯说中国香文化如今已经断层了,这个观点是很片面的。

《佛说戒德香经》中记载了阿难因思考而产生的一个疑问，大概意思是说：人世间有三种类型的香气，只能在顺风时闻到，什么香气在逆风中也可以传播呢？佛祖给予阿难的答案是世间男女因为虔诚修行而得来的美名，便会如香气散播一样，十方受益。

原文：

【乾陁罗耶】

正言健达，此云香。

张华《博物志》云："有西国使献香者，汉制不满斤不得受，使乃私去，着香如大豆许，在宫门上，香闻长安四面十里，经月乃歇。"（"一说汉制献香，不满斤，不得受，西使临去，乃发香气如大豆者，拭著宫门，香气闻长安数十里，经数月乃歇。"《博物志》原文）

《华严》云（六十七卷）："善法天中有香名净庄严，若烧一圆（梵《华严经》）而以熏之，普使诸天心念于佛。"

译文：

乾陁罗耶，在梵语里的本意为"香"。晋代张华所著《博物志》中记载："有西方国家使者来献香，依汉代规制，香的数量不满一斤不受理，使者独自离开，用大豆大小的一块香，放在宫门上，长安城内外四十里都可以闻到它飘散的香气，好几个月才停止。"《大方广佛华严经》第六十七卷说："修善法的世界里有一种香，叫做净庄严，若是烧上一丸，可以使诸天下修行的人在心中一同念佛。"

说明：

乾陀罗耶，又名犍陀罗（梵 Gandha—vati ），古国名，位于今印度西北喀布尔河下游，五河流域之北。《大唐西域记》载，健驮罗国，东西千余里，南北八百余里，东临印度河。按健陀罗本梵语，其义为香，故或译为香遍国。这段文字记载了一种产于印度地区的神奇香料，只要熏一丸，便可以香飘几十里。仿佛是单一的香料，据《博物志》记载来看，又像是香料所提取的精油，可以涂在城门上。但是到了《华严经》中便成了"净庄严"，唐人还根据这个记载调和了一款合香，香气艳而不妖，为清静庄严的念诵佛经提供了很好的环境。但是，说到底，这种名为"健达"的香具体是哪种香料，是无从考证的。只知在印度神话里，有一位天上的乐师名为"健达缚"，也叫做香神，或是寻香。又因其"清虚食香，身唯恒出香"，所以也名为"香阴"。

原文：

【多阿摩罗跋陀罗】

多此云性阿摩罗，此云无垢跋陀罗。此云贤，或云藿叶香，或云赤铜叶。

译文：

多阿摩罗跋陀罗，此多称为性阿摩罗，也叫作无垢跋陀罗（此为印度产的一种树，名为跋陀罗树。佛祖的侍者之一罗汉跋陀罗，就是因为他的母亲将他生在这种树下，所以得名）跋陀罗（梵语

Bhadra）译为"贤"，或者叫作霍叶香，或叫作赤铜叶。

说明：

这种香，法云法师做了详细的解释，即藿香。此应为"广藿香"，普遍生于热带东南亚地区，如印度尼西亚、菲律宾、马来西亚及印度。因为其有较好的香气和很好的药用价值，广受印度人的喜爱，常常将其精油涂在身上。它能促进皮肤细胞的再生，消肿、化淤血，尤其适合久治不愈的慢性皮肤疾病，如静脉曲张、痔疮、湿疹、皲裂、癣症，甚至牛皮癣等。

原文：

【牛头栴檀】

或云此方无故不翻，或云义翻与药，能除病故。

《慈恩传》云："树类白杨，其质凉冷，蛇多附之。"

《华严》云："摩罗耶山，出旃檀香，名曰牛头。若以涂身，设入火坑，火不能烧。"

《正法念经》云："此洲有山，名曰高山。高山之峰，多有牛头旃檀。若诸天与修罗战时，为刀所伤，以牛头旃檀涂之即愈。以此山峰状如牛头，于此峰中生旃檀树，故名牛头。"

《大论》云："除摩梨山，无出旃檀。白檀治热病，赤檀去风肿。摩梨山此云离垢，在南天竺国。"

译文：

牛头栴檀，这个名字没有必要是不翻译的，或是根据其与药的意义来翻译，可以治疗疾病。《慈恩传》里说："它的树如同白杨，质地凉冷，多有蛇附在上边。"《华严经》说："摩罗耶山，（又名秣刺耶山，梵文名 Malaya，今南印度卡尔达蒙 (Cardamon) 山，盛产白檀香树、樟树，古代印度文学作品喜爱以来自秣刺耶山的风比喻香风）出产旃檀香，名字叫作牛头。若是用它（应是提炼出来的精油）涂在身上，假设入了火坑，也不能烧到。"《正法念处经》说："这个洲有一座山，叫作高山。高山的山峰上多长牛头旃檀。若是诸天人与修罗战斗时，被刀砍伤，用牛头旃檀涂在身上即痊愈了。因为这座山峰的形状好像牛头，所以在这座山上生长的旃檀树叫作'牛头'。"《大智度论》说："除了摩梨山，其他地方没有旃檀。白旃檀可以治疗热病，赤旃檀可以去除风肿，摩梨山叫作'离垢'，在南天竺国（印度南部）。"

说明：

这段文字记载的是旃檀香，即我们现在普遍看到的印度老山檀香，产地为文中所记的那座神秘的香风山。檀香心材是名贵的药材，具有行心涡、开胃止痛的功效。主治寒凝气滞、冠心病、心绞痛、腹痛、胃痛少食、胆汁、性病等，可以消炎、抗菌、抗痉挛、催情、收敛、镇咳、清热润肺、祛胃胀气、利尿、治疗皮肤病、止血崩等。

原文：

【瞻卜】

（梵文 Campaka）或詹波，正云瞻博迦。

《大论》翻黄华，树形高大，新云苦末罗。此云金色，西域近海岸树。金翅鸟来，即居其上。(即栀子花)

译文：

瞻卜，或是詹波，梵文正式的发音为瞻博迦。《大智度论》翻译为黄华，树形高大，现在也叫作苦末罗。金色，为西部海岸边生长的树。金翅鸟来了，就居住在上边。

说明：

瞻卜为栀子花的异名，唐代玄应的《一切经音义》卷六记载："瞻卜，正言瞻博迦，此云黄花树。花小而香，西域多有此林也。"栀子花美而芬芳，传说是印度神鸟迦楼罗（即金翅鸟）落脚的地方。

原文：

【多伽罗】或云多伽留，此云根香。

《大论》云："多伽楼木，香树也。"

译文：

多伽罗（多揭罗香树，梵名为 tagara），或者叫做多伽留，翻译过来叫作根香。《大智度论》说："多伽楼木，为香树。"

说明：

多揭罗香树，为夹竹桃科狗牙花属的多揭罗种香树。产区分布在印度、亚洲热带地区，如海南、南美洲、澳洲等。是印度常用的香料之一。

《金光明最胜王经》第六卷《四天王护国品》中说："应取诸香。所谓安息、旃檀、龙脑、苏合、多揭罗、熏陆，皆须等份和合一处。手执香炉，烧香供养。"这本经还将多揭罗香列为三十二味香药的第十五味。


原文：

【波利质多罗】此云圆生。

《大经》云："三十三天有波利质多罗树，其根入地深五由旬，高百由旬，枝叶四布五十由旬，其华（花）开敷，香气周遍五十由旬。又翻间错庄严，众杂色华周匝庄严。"

《法华文句》指此为天树王也。


译文：

波利质多罗，也叫作圆生。《大方广佛华严经随疏演义钞》说："三十三天（最高的地方，六欲天之一）有波利质多罗树，它的根入地下五由旬（古印度的长度单位，即一只公牛走一天的距离，约11.2公里，五由旬即是56公里），树高百由旬，枝叶向四边生长延伸五十由旬，它的花繁荣地开放，香气弥漫到周边五十由旬的地方。又说间错庄严，花的颜色娇艳间杂在一起，周匝庄严。"《法华文句》指这种树为天树之王。

说明：

波利质多罗树，也叫作圆生树、昼度树、香遍树，梵文为pārijāta。叶子呈羽状，开深红色长穗状花，形状如同珊瑚，所以也叫作珊瑚树。这种树学名为 Erythrina variegata Linn，即刺桐，其根茎枝叶花果皆有香气，能遍熏忉利天宫，故也叫作香遍树。《长阿含经》卷二十忉利天品说：此树有神，名为漫陀，常作伎乐以自娱，故成为三十三天娱乐之所。其实，这种花在我国和日本也很常见，是我国泉州、日本宫古岛市的市花，也是日本冲绳县的县花。


原文：

【拘鞞陀罗】此云大游戏地树香也。


译文：

拘鞞陀罗，叫作大游戏地香树。


说明：

《佛学大词典》中关于拘鞞陀罗树的解释：梵语kovidaˆra，又作拘毗陀罗树、拘鞞罗树。意译地破树。学名 Bauhinia variegata，据《佛说立世阿毗昙论》卷三载，拘毗陀罗树，树身高大，形状秀丽，枝叶繁茂而久住不凋，能避一切风雨之害。《起世经》说："三十三天王入其中已，坐于欢喜善欢喜二石之上，心受欢喜，复受极乐。是故诸天共称彼园以为欢喜。又何因缘名波利夜怛逻拘毗陀罗树？彼树下有天子住，名曰末多。日夜常以彼天种种五欲功德，具足和合，游戏受乐。是故诸天遂称彼树以为波利夜怛逻拘毗陀罗树。"可见这种树与上边的波利质多罗树一样都是生长在三十三天的香树，而且拘鞞陀罗树下还有一位叫做"末多"的天子住在这里游戏受乐。其实，这种树在我国的海南也有生长，学名叫作洋紫荆，在我国南部、印度、中南半岛均有分布。

（注：多次提到的"三十三天"，即忉利天，以有三十三个天国而得名，居须弥山上顶巅，中央为主国帝释天，为三十三天之主释提桓因（帝释）所居，四方各有八个天国，四角四峰，有帝释天保护神金刚手居止。帝释所居善现城，周长一万由旬，中有殊胜宫殿，周千由旬，外有众车、杂林、粗恶、喜林四苑，城外东北有圆生树，花香熏百由旬，西南有善现堂。为帝释之礼堂、会议厅）

原文：

【阿伽楼】《大论》云："密香树。"

译文：

阿伽楼，在《大智度论》中叫作"蜜香树"。

说明：

蜜香树，是产于古代交趾地区的沉香，最早关于它的记载，应是东汉杨孚所著的《交州异物志》："木蜜，名曰香树，生千岁，根木甚大。先伐僵之，四五岁乃往看。岁月久，树根恶者腐败，唯中节坚贞，芳香独在耳。"

原文：

【兜楼婆】出鬼神国，此方无故不翻，或翻香草，旧云白茅香。

译文：

兜楼婆，出自鬼神国，这味香料没有缘故是不翻译的，或译成香草，以前叫作白茅香。

说明：

白茅香，即众多香谱中合香所使用的"茅香"。《本草拾遗》记载：白茅香生安南（安南，越南北部地区古名，秦代到五代十国之间，为中国王朝所管辖），如茅根，道家用作浴汤。《广志》云：生广南山谷，合诸名香甚奇妙，尤胜舶上来者。李时珍曰：此乃南海白茅香，亦今排香之类，非近道之白茅及北土茅香花也。茅香可以作为药草及制酒的原料（茅香伏特加），植株具有特殊的香味，这种香味是来自于香豆素的味道。

原文：

【迦算】方尔切，此云藿（呼郭）香。

译文：

迦算，（"方尔切"为音律中一种发音方式）这种香叫作藿（读"郭"）香。

说明：

这种香大家就很熟悉了，是藿香正气水的主要原料"藿香"。这种香草可以芳香化浊，和中止呕，发表解暑。

原文：

【毕力迦】或云即丁香。

译文：

毕力迦，即丁香。

说明：

丁香分为公丁香和母丁香，即金桃娘科常绿乔木丁香的花蕾和果实。此香香气浓郁，具有很好的药用价值。

原文：

【咄噜瑟剑】此云苏合。

珙钞引《续汉书》云："出大秦国，合诸香煎其汁，谓之苏合。"

《广志》亦云："出大秦国，或云苏合国。国人采之，笮其汁以为香膏，乃卖其滓，或云合诸香草煎为苏合，非一物也。"

译文：

咄噜瑟剑，这是苏合。珙钞引《续汉书》说："（苏合香）出产于大秦国（大秦是古代中国对罗马帝国及近东地区的称呼），诸味香料一起煎汁，叫作苏合。《广志》也说道："这种香出产于大秦国，或者叫作苏合国（伊朗的古国名）。国民采来这种香料，榨出它的汁液做为香膏，然后将剩下的渣子卖出去，或说是诸香草一起煎成苏合，这些都不是一种东西。

说明：

苏合香，是金缕梅科植物苏合香树所分泌的树脂，因产地而得名。初夏，将树皮击伤或割破深达木部，使香树脂渗入树皮内。于秋季剥下树皮，榨取香树脂，残渣加水煮后再压榨，榨出的香脂即普通苏合香。将其溶解在酒精中，过滤，蒸去酒精，则成精制苏合香。有开窍辟秽、开郁豁痰、行气止痛的功效。同仁堂名药"苏合香丸"，便是以此香为主要原料制作的成药。

原文：

【杜噜】此云熏陆。

《南州异物志》云："状如桃胶。"

《西域记》云："南印度阿吒厘国熏陆香树，叶似棠梨。亦出胡椒树，树叶若蜀椒也。"

《南方草物状》曰："出大秦国，树生沙中，盛夏树胶流沙上。"

译文：

杜噜，即熏陆。《南州异物志》说："（熏陆）外形如同桃胶。"《西域记》说："南印度阿吒厘国（古国名）的熏陆香树，叶子像棠梨。此国也出胡椒树，树叶像蜀椒。"《南方草木状》记载："(熏陆)出产于大秦国(古罗马)，树在沙中生长，盛夏的时候，树胶流在沙上。"

说明：

熏陆，即乳香，为橄榄科植物乳香树 Boswelliacarterii—Birdw 及同属植物 Boswelliabhaurdajiana Birdw 渗出的树脂。分为索马里乳香和埃塞俄比亚乳香，有很好的药用价值，速效救心丸中就有乳香的成分。

原文：
【突婆】此云茅香。

译文：
突婆，即茅香。（参见前文）

原文：
【喎尸罗】此云茅香根。

译文：
喎尸罗，为茅香根。（也为白茅根，是一种治疗妇科炎症的中药片剂）

# 十六、道门香传

  道教是我国的本土宗教，起源于春秋战国时期，是以"道"为最高信仰的一门处世哲学，上古很多帝王都以此教为宗。《天香传》有记："仙书云：'上圣焚百宝香，天真皇人焚千和香，皇帝以沉榆、蒉荬为香。'"秦始皇就非常喜欢求仙问道，汉武帝也同样好此道，《汉武帝别国洞冥记》中记载，武帝为了"招诸灵异"，遍烧天下异香；《汉武故事》中也写到，武帝为迎接西王母，在宫中烧兜末香。西王母在道教中地位很高，是掌管不老神药的女仙。武帝为求仙药，所以烧外来珍香来迎接西王母，可见道教中对"用香"一事的认知也非常久远。

  到了东汉，早期道教已经开始记载如何用香，如成书于东汉中晚期的《太平经》中说："欲思还神，皆当斋戒，悬象香室中，百病消亡。"此经对后世道教曾产生很深远的影响，在这条记载中，不仅有了"香室"的概念，还产生了用香来医病的认知，可见香在当时的道教生活中已是比较常见的仪式化活动了。到了三国时期，道教得到了一定的发展，在社会活动中也变得活跃起来，如《三国志·吴书·孙策传》裴松之注《江表传》中记载了一位名为于吉的方士，"往来吴会，立精舍，烧香读道书，制作符水以治病，吴会人多事之。"东汉分会稽郡为吴、会稽二郡，并称吴会，为今绍兴的别称。这位方士首创了"烧香读道书"的做法，而此时的佛教却并不流行，可见之后佛教中的"烧香读经"或许来自我国的道教生活，毕竟佛教传入我国之初是依附在道教思想中来进行传播的。东晋葛洪在其所著《抱朴子》中也说："人鼻无不乐香。"这应该不仅是道教崇尚香气的一个原因，应该是整个人类崇尚香气的主要原因吧。

在我国道教中，祭天、通神、辟邪等仪式皆离不开香，其中较常用的一种香料为"降真香"，《陈氏香谱》中写道："《列仙传》云：烧之，感引鹤降，醮星辰，烧此香为第一。"这种香是南海诸国和大秦国所产的一味外来香药，《天皇至道太清玉册》称此香为"祀天帝之灵香"，并"主天行时气，宅舍怪异，并烧之有验"，可以作为道教醮仪的常用之香。另外道观中还常烧沉香、檀香，或与其他香调和而成的合香，在《香乘·法和众妙香（四）》中记载了道教常用香方有"元御带清观香""太真香""大洞真香""天真香""降仙香"等，道教中以烧这些香品来通灵及祭祀上真。

此外，在道教徒的自我修炼中，是要用香汤沐浴的，这是教中非常重要的养生方式。如宋代成书的道教类书《云笈七签》中有"沐浴法"，辑录《紫虚元君内传》云："夫建志内学，养神求仙者，常当数沐浴，以致灵气。"用沐浴的方法来保持自身灵气不失，所以沐浴时要用到的香料也要非常讲究，如《太丹隐书洞真玄经》云："五香沐浴者，青木香也。青木华叶五节，五五相结。故辟恶气，检魂魄，制鬼烟，致灵迹。以其有五五之节，所以为益于人耶。此香多生沧浪之东，故东方之神人名之为青水之香焉。"因为青木香生态的特殊，加之气味清香，所以被道教选为沐浴的良药。《本草纲目》中也有道家浴汤的记载："白茅香，生安南，如茅根，道家用作浴汤。"另外《太丹隐书洞真玄经》还说道："烧青木、薰陆、安息胶于寝

宋代,《画果老仙踪》(局部)。画中的贵妇人正在为香炉中添香。

室头首之际者,以开通五浊之臭,绝止魔邪之炁,直上冲天四十里。"可见在床头常烧以上这三种香,也是道家的养生之道。

在道教法事的仪轨中,焚香也是非常重要的一个部分,如前文《南北朝》一篇中提到的著名道师陆修静在其所著《洞穴灵宝斋说光烛戒罚灯祝愿仪》中写到了"侍香"一职,并规范其职责所在,即"侍香,其职也,当料理炉器,恒令火燃灰净。六时行道,三时讲诵,皆预备办,不得临时有缺",还附加了侍香者不如法时所要受到的惩罚。可见焚香这件事对于道教活动来说,有着非常重要的意义。

# 十七、医家香药

　　在各类文献中，最早记载使用香药来治疗疾病的应是在马王堆汉墓中出土的帛书《五十二病方》，其中诸伤方中有三处使用到"甘草"一物，此物在后世香方中，常被当作香料，调和在众香中使用，也属于一种常用的香材。另外诸伤第一方中，还用到了"桂""椒"两物，后云"桂酒、椒浆"，便是用这两种香料泡制的香酒，这说明桂、椒在我国也是极其常用的药用香料。"桂"即肉桂，也称"玉桂"，《名医别录》中记录："桂味甘辛，大热，有小毒。主温中，坚筋骨，通血脉，理疏不足，宣导百药，无所畏。""椒"应是蜀椒，即花椒，因为早期汉代还没有外来香药"胡椒"，直到司马彪所撰《续汉书》才提到天竺国所产香药——胡椒。而且从各种史料来看，记录者们都有意将这两者区分开来，所以之后的记载中，外来的那种香料一直都用"胡椒"全名来记录，并未以单字"椒"来做代替。现存最早的医书《神农本草经》中有对"椒"药用价值的分析："蜀椒，味辛温，主邪气咳逆，温中，逐骨节、皮肤、死肌，寒湿痹痛，下气。"可见诸伤第一方在治疗伤病时应是颇有效用的。

　　成书于东汉时期的《神农本草经》不仅记载了上文所说的"蜀椒"，另还写道"白附子""松脂""菌桂""牡桂""秦椒""麝香"六种国产香料，并分析了它们的药用价值。此外，《本经》中还提到了一种外来香料，即"木香"，药用为"主邪气，辟毒疫，温鬼，强志，主淋露，久服不梦寤，魇寐"，汉代的此香应是从印度进口而来的菊科植物云木香，后来我国云南、广西等地都有栽培。药用其根部，具有特殊香气，为草部上品，具有很高的药用价值。

到了东晋时期，便有更多的外来香药被使用于组方之中，如葛洪所著《肘后备急方》就记载了六种有药用价值的外来香药，即胡椒、丁香、乳香、沉香、木香、苏合。而且书中所记香药药方大多都较为简单，十分便于使用，如《治卒霍乱诸急方》的复方中记："孙真人治霍乱，以胡椒三四十粒，以饮吞之。"可见此方为道家医方，又方"桂屑半升，以暖饮二升和之，尽服之""孙用

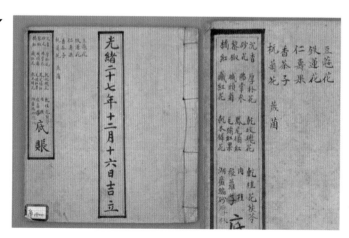

沉香等药品的底账。故宫博物院藏。（沉香是一味药用价值颇高的常用名贵香料）

和，治大泻霍乱不止。附子一枚，重七钱，炮，去皮脐
为末。每服四钱，水两盏，盐半钱，煎取一盏，温服立止。
集效方"等。还有《治痈疽妒乳诸毒肿方》复方云："乳
肿。桂心、甘草各二分，乌头一分，炮，捣为末，和苦酒，
涂纸覆之，脓化为水，则神效。"又方"麝香、薰陆香、
青木香、鸡舌香各一两，以水四升，煮取二升，分为再服"
等等。可见此书中将香药大量用于治疗疾病，且均是经
验方，可实施性强，确实为急救之用。

南朝时期，出现了"合香家"一职，《本草经集注》中"薰
陆香""鸡舌香""藿香"等条目中，都提到了"合香家要用，
不正复入药"，但却详细记载了"木香""苏合香""沉
香""豆蔻""龙脑香及膏香""紫真檀木"几种香药的
药用价值及使用方法。另外，在同一时期成书的《雷公
炮炙论》中也记载了多达13种香药的炮制方法。可见自
南北朝后，我国使用香料入药已是一种非常普遍的现
象了。

# 十八、日本"香道"

元代，发僧《祇园大会图卷》（局部）。山西省博物馆藏。画中众僧围坐于炉瓶三事及一只舍利塔的周围，一同品香谈禅。（祇园，全称"祇树给孤独园"或"祇园精舍"，是印度佛教圣地之一，相传释迦牟尼在此说法，祇园为祇陀太子、给孤独长者两人合力所盖，画家"发僧"，是当时流寓在江浙一带的著名的日本籍画家）

"香道"一词来源于日本，原词名为"koh-do"。由于鉴真东渡而带去的唐代用香文化以及佛教文化，使得日本香道有了渊源，随后先行开始的是日本"唐风香法"的使用时期，大约延续了600年左右的时间，如《源氏物语》中所提到的用香方式，便是唐风香法，书中还提到了"唐土舶来"之香优于各太宰所献的香料，所以才使得源氏兴起了合制新香的想法。

日本香道正式使用"用香仪轨"，是开始于其室町时期（1336年—1573年）的幕府阶层，这个时期大约是在我国明代早期。室町幕府的第八代征夷大将军足利义政，在日本历史上是一位艺术才华远高于统治能力的执政者。他在位期间，幕府的财政状况日益窘迫，日本境内的民变也此起彼伏，这使得足利义政在其统治的后期，对国家政治相当失望，便将政务委托给他人，而自己则隐居在东山，独享艺术的风流，从而为日本东山文化的兴起做出了很大贡献。

相较于北山文化的华丽富贵，东山文化是由幽玄、侘寂的美学思想所主导的集能剧、茶道、花道、香道、庭院、建筑、连歌等艺术形式为一体的文化体系，对后世日本美学有着非常深远的影响，并在近些年影响到了我国新一代艺术审美思想，足见其感染力之强。日本香道的"用香仪轨"，便是在足利义政在位期间，由其主导，特请茶道大师Shino Soshin（志野）与诗人SanjonishiSanetaka一同研讨制定而成的，并定名为"koh-do（香道）"，一直流传至今。

日本香道仪轨在诞生后的数百年间，曾一度风靡于其社会的精英阶层，他们将这项活动作为提高自身艺术修养及炫耀财富的一种社交方式，一直保留到十九世纪中叶。其中 Koju 家族是日本历史上最著名的香道师家族，就如同千利休在日本茶道行业的地位一般，Koju 家族在当时也得到贵族阶层的大力追捧。三代 Koju 曾服务于丰臣秀吉，四代 Koju 服务于德川家康，而第八代 Koju 甚至被誉为"特别香道大师"，受到极度尊敬，他还总结归纳了名偈"香十德"，即"感格鬼神、清净心身、能拂污秽、能觉睡眠、静中成友、尘里偷闲、多而不厌、寡而为足、久藏不朽、常用无障"，这段总结中非常详细地列举了使用优质沉香所带来的好处，所以一度被后人所推崇。直到十九世纪六十年代末，日本受到西方资本主义工业文明的影响，开始明治维新，很多传统文化受到冲击，随后，日本香道也逐渐衰落，一改往昔的繁荣景象，逐渐被现代文明隔离成一种遥远的历史文化而束之高阁。时至今日，虽然仍有一些日本的社会精英在享受着香道仪轨，但其享受的心情与使用的情状却大不如前。

日本香道的用香仪轨是一套拥有非常完整的理论体系、如同游戏一般的品香方法：首先从选取香料开始，日本香道一般会选用"沉香""檀香"作为品鉴的对象，并将这个品鉴过程称为"听香"。"听香"一词的由来，日本学者也进行了探寻，大概有两种可能：一是唐土舶来的词汇，一是根据大乘佛教中一个聆听佛陀讲经的小故事而来。可能出于唐诗，也可能出于佛教经典，但一直未有定论。不过无论是哪种来源，如今可以肯定的是，日本香道的专业人士们对这个词语均十分欣赏，他们认为：沉香的香气多变而微妙，用"听"这个动词远胜于"闻"的意境，更能表达出闻香者用心品鉴沉香的一种感觉。这种感觉更像是一种人与物之间的交流。这种哲思让我想到了我国宋代诗人苏轼的一句诗文"不是闻思所及，且令鼻观先参"，这"鼻观"仿与那"听香"有异曲同工之妙。

日本香道虽然与日本茶道、花道，并称为三大雅道，但却与其他两者有着很大不同，它是有关于文学鉴赏的一种特殊的艺术训练游戏。其他两者只需用眼睛去看、用心去体会便好，而香道不仅要做到这两点，还需要参与者自身拥有一定的文学素养，以及对日本古典诗歌的一定理解，相对来说较为复杂，所以广普较难。我们只借由他们的一首小诗来简单解析一下。

第一，香料的选择。

足利义政所任用的茶道大师 Shino Soshin（志野）与诗人 SanjonishiSanetaka，通过香气审美实践的方法，将其所使用的沉香进行分类与归纳，最终制定了"六国五味"的分类概念。

【六国】 伽羅　きゃら　（これのみは地名でなくインドで芳香の意）
　　　羅国　らこく　（シャムの国）
　　　真南賀　まなか　（マレー半島のマラッカ港）
　　　真南蛮　まなばん　（インド東岸のマラバル）
　　　寸門多羅　すもたら　（南洋スマトラ）
　　　佐曽羅　さそら　（南洋ソーローまたはインドのサッソール）

【五味】 甘　かん・・・あまい　（蜂蜜のような甘さ）
　　　酸　さん・・・すっぱい　（梅の酸味）
　　　辛　しん・・・からい　（丁子の辛さ）
　　　鹹　かん・・・塩辛い　（汗、手拭いの匂い）
　　　苦　く・・・・にがい　（黄檗の苦味）
　　　※黄檗（きはだ・おうばく）とは、秋に黒く実が熟すミカン科の木で、樹皮の内側が黄色く苦味があり健胃の生薬や染色にもちいられます。

▼ 日本人对其"六国五味"的理解。

第二，香道具。

日本很多博物馆中都会收藏各式古代香道用具，其最基本的组成部分为：三层香箱（收纳其他用具）、长托盘、志野香炉（两只）、云母片、本香盘、白灰、志野折、银叶箱、木炭、香瓶、香具（如131页上图）、香盒等。

香
云母台
气孔
炭
灰

▼ 志野香炉及埋碳方法。

志野香炉正面　　　横截面

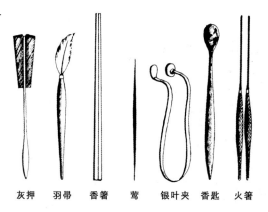

日本七件套香道具。我国现代香席中所使用的香道具多以此为样本而仿制。

灰押　　羽帚　　香箸　　莺　　银叶夹　香匙　火箸

第三，香席。

香席座位排次如下图，一共十人参加，香道师一位，记录者一位，香客八位，其中香道师左侧为最尊贵席位，一般会安排参与者中地位最尊贵之人入座，如此可见，日本香道是产生于统治阶层的，所以位次才会有如此明确的尊卑之分。

日本香席座位排次

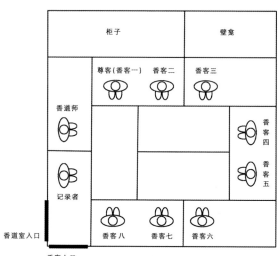

第四，文学作品。

*Miyako o ba*
*Kasumi to tomo ni*
*Ideshika zo*
*Akikaze zo fuku*
*Shirakawa no seki*

《白川边境》小诗的原文。

在初次香席活动中，香道师都会选择一首名为《白川边境》的小诗：

　　从都城离开，

　　蒙着春雾，

　　秋风吹来的时候，

　　已经来到了白川的边境。

这首小诗是日本平安时期（794年—1192年）的一位诗人所作，从京都到白川海边大约有六百多公里，在一千多年前交通工具非常不发达的时期，诗人只能徒步前往，所以他从春天走到了秋天，才来到了白川的边界，才看到了无垠的大海，诗中流露出对时光流逝的感叹。

根据这首小诗，香道师需要选取三种沉香，分别命名为"都城的雾""秋天的风""白川边境"，香道师要确认的是，这三款香可以让闻香者联想到以上三个词语。

第五，仪轨。

"听香"仪式开始，香道师首先要在"雾"与"风"这两块香上分别切下一小块，以备第一轮熏香之用。然后用纸笺包好这三块香，再分别做上数字标记，置于一侧。此时要确保其他参与者不知道这三种香的种类及数字排序。

然后香道师将切割下的"雾"与"风"，分别在两只志野炉中熏香，并传递给众人一同品鉴。香道师要协助香客们认识这两种样本香气的特点，香客们要尽量记住这两种香气，以备之后与第三种"白川边境"进行区分。

日本香道仪式中要在香灰上打制香筋图案。（据考证，我国并未有类似做法，因此"打香筋"成为区分日本"香道"与我国用香文化的明显标志）

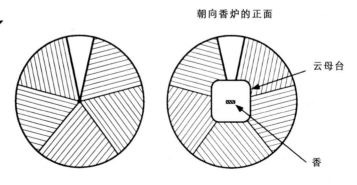

朝向香炉的正面

云母台

香

经过几轮"听香"之后，众人已对"雾"与"风"熟识。此时香道师要打乱三个纸笺的顺序，与此同时，需从左位尊者传递笔砚给每位参与者，每人可以分别领到一份香笺、一套笔砚。这些准备活动完成之后，便可以开始进行正式的"听香"游戏了。

游戏开始，香道师要从打乱的三只纸笺中随意挑选一个，然后切香、熏香、传香，让众人独自识别被选中的这款沉香。每位闻香者在确定这款沉香香气之后，便可以在香笺上写下相应数字，即"雾"为"一"，"风"为"二"，"边境"为"三"。如此反复试闻，香客们便会分别写下一串数字，如"三、一、三、二、三、一……"。当这场"听香"游戏结束时，记录者便会将每人的香笺收录起来，并为大家一一解读。这个过程的重点，并不是传统意义上的答对了多少，而是要看每个人对于香气的理解与诠释，这才是日本香道中的精髓。

那些答案基本可以总结为以下几种可能：都写对了的，便是到达了边境；

都写错了的，便是留在了都城；

只写对"雾"的，便是驻留在春天的雾里；

只写对"风"的，便是停留在秋风中；

只写对"边境"的，便是路途的衣裳。

这样的解答，使得每个人都知道了自己在这场旅途中的表现，有的安全到达了白川的边境；有的却留在了都城，不曾离开；有的虽然出发，却迷失在雾与风中。这样的演绎，可以使参与者都能获得一场心灵旅行，想必这才是日本"koh-do"最精彩的核心思想吧。

香物篇

# 一、沉　香

## ——读懂沉香的几个要点

### （壹）沉香本物

　　"沉香"一词在中国是指 Aquilaria.agallochaRoxb 含有树脂的木材，是可入药部分的名称，所以这个名称指代整个物种。

① 《白木香的遗传多样性研究》，赵翾，华南理工大学博士学位论文，2006 年。

　　详细来讲，沉香是沉香树的树体在受伤之后，由于真菌的侵入寄生，在菌丝分泌的酶的作用下，薄壁组织细胞内的淀粉产生了一系列化学变化，最后形成香脂，凝结于伤害处的木材内，从而形成沉香的。[①]

　　这个结香的过程，就如同人体受到外伤，会在伤口部位溢出血液和体液，逐渐聚集凝固成血痂。只有沉香树的血痂，才是真正的沉香。

　　对于"沉香"，市场上好像有很多概念，使得喜爱的人刚刚入门的时候都非常困惑，所以需要明确定义一下：

　　定义一，"沉香"是一种中药材的学名：《中国药典》中对沉香的说明如下："本品为瑞香科植物白木香 Aquilariasinensis （Lour.） Gilg 含有树脂的木材。全年均可采收，割取含树脂的木材，除去不含树脂的部分，阴干。"如此看来，沉香只是名称，其中带有油脂的部分

▲ 沉香雕"松梅"笔筒 鹤香喻藏

② 如《宋会要辑稿》蕃夷七中有记载："（绍兴）十月十四日，占城国进奉使部领萨达麻、副使滂摩加夺、判官蒲翁都纲以次凡二十人到阙入见，表贡附子沉香一百五十斤、沉香三百九十斤、沉香二块十二斤、上笺香三千六百九十斤、中笺香一百二十斤、笺香头块四百八十斤、笺香头二百三十九斤……"，其中沉香与笺香便是这种香料等级的名称，这条记载中还更加详细地区分了"沉香"和"笺香"的等级。

都叫作沉香，没有等级区分，都可用来入药。

定义二，"沉香"是这种香料等级的名称：古书记载，沉入水底的为沉香、半沉（浮在水中）者为栈香、浮（浮在水面上的）者为黄熟香。中国古代大量使用沉香，除国产之外，很大一部分为舶来品（东南亚地区进贡或贸易而来），古时用以上三种名称来区分这种香料的贸易价格。②

而在现今市场上对"沉香"的定义与第一种相同，将含有油脂的这种香材都统一称为"沉香"，只是会根据其含油量的多少、产区、品种、香气等条件来制定价格。

另外现在市场上有很多"沉香木"制品，只是使用沉香未结油的木质部分来制作的工艺品，其价值远不如沉香制品昂贵，同时也不具备沉香的药用价值。很多人认为不沉水的均为"沉香木"，这个认知也是不对的，因为"笺香"与"黄熟香"本就不沉水但却可以入药，与"沉香"药用价值相等，区别只是在于含油量的多寡。而"沉香木"则是指没有结油的木质部分，是上述三个等级沉香的原生木材，其药用价值及经济价值均不能与结出油脂的"沉香"相提并论。

## （贰）沉香的母体

沉香的母体即为沉香树，是产生沉香的第一个条件。

并不是任何一块有香气的木头都是沉香，它只产生于

名为瑞香科（Thymeliaceae，拉丁文）沉香属（Aquilaria）的树种树体之上。

这一点需要特别强调，因为其他很多树种也可以产生带香气的油脂类分泌物，却不是沉香。比如，松木可以产松香，橄榄科乳香属树可以产乳香，橄榄科没药属植物可以产没药，这些油脂类产物都具有清闻就有香气、熏点香气更盛的特点。另外，很多树种树体本身也是有香气的，比如降香黄檀，俗称黄花梨，是制作名贵中式家具的材料之一，就是一种本身带有香气且可以入药的木材。还有樟木、楠木等，都具有比较优秀的香气，但都与沉香无关。

沉香属树种的木质部分在结香之前是轻软且白的质地，只有在结香之后，结香部分才会变硬。但是这种"硬"只是膏脂变硬的一种硬度，不会硬若磐石，再坚实的沉香也是犹如硬质的糖块，刀削即能察觉。

沉香属植物广泛分布于东南亚地区，但是产量不高。越南农业部曾发布文件鼓励种植户种植沉香以获得经济利益，并将它规划为经济作物的范畴，但是又于1997年发布文件，将沉香的经济作物名号去除。这是因为沉香很难在短期内产生经济效益，它的产香过程非常漫长而且产量稀少。

自2005年1月12日起，所有瑞香科沉香属物种植物被列入修订后的《濒危野生动植物种国际贸易公约》附录（CITES），成为公约所列明的世界级保护植物。

即使如此，还是因为国际上对植物医药越来越多的使用，致使沉香的供需矛盾日益加剧。虽然国内外都对沉香属物种实施了资源保护政策，但其自然资源的减少却是不可避免的。

## （叁）香树的伤痛

"受伤感染"是沉香树结香的第二个条件。

据生物化学家戚树源先生等人研究，健康的沉香树是无法合成沉香的，（发表于《生物工程学报》1998年）树体一定要受到某种伤害后，才能使沉香树产生沉香，这个过程叫作"植物细胞的逆境代谢产物"。也就是说，沉香树的结香过程是其自身治愈伤病的一个过程。

拿国产沉香树"白木香"来解释，沉香就是白木香树受伤后再感染黄绿墨耳菌而产生的一种植物抗毒素，它的

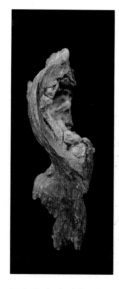

沉水香。图中香材的中心处便是香树的伤口，香脂会在伤口周围凝聚，这是香树愈合伤口的天然机制。

形成与白木香木材组织的自我保护机制有关。所以对于香树，它们的结香过程就是：受到如虫蚁蛀、雷劈、火烧、刀砍、海风吹摇等偶然性的伤害，并伴有特定菌群的感染，从而引发的沉香树树体自我修复的艰辛过程。所以很多人将"沉香"视为香树的"舍利子"，也是很有道理的。

## （肆）沉香是混合物

"沉香"作为中药材，是以沉香含有树脂的木材部分入药的。

也就是说，我们所熟知的"沉香"是混合了树脂、树胶、挥发性油脂、木质等多种成分的密实的固态凝聚物。它聚集在树体内、伤口处，油脂含量达到一定比例时，即可在水中下沉，"沉香"之名也正是由此而来。

▼ 图为一块沉水香的局部，由此可见沉香是混合物，其中包含木质、树脂、挥发性油脂及芳香酊类物质等。

很多初学者会认为，沉香是一种木头，和黄花梨、紫檀一样，其实这个观点是不准确的，这多半是因为看到了油脂含量较差的沉香，从而产生的误解。但是，即使是油脂含量极好的沉香，肉眼看上去黑实坚硬，也还是含有木质和油质的混合物，基本不存在只剩油脂的沉香，所以万不可草率定义，造成认知错误。

## （伍）沉香是活体结香

沉香的产生既然是因为树体的自我修复，这就决定了它的结香过程必须是在树体存活时进行的。这个过程通俗来讲，就如同香蕉树结出的香蕉一般，香蕉能长多大，是树还活着的时候，或是香蕉还没有被采摘下来的时候，就决定了的。树死后，或是被采摘下来以后，就不能再长大了。

沉香的油脂含量的多少也是这样一个概念，树体还存活时，它就会尽全力来愈合自己的创伤，抵御外来菌毒的侵害，从而不断分泌油脂而结香。但是，树体一旦因病死亡，或是被砍伐，或是被取香，那么它所结出的沉香的大小和油脂含量也就在此定格，不能再生长了。而后香品可以进行熟化和醇化的过程，香气可以变得更加纯厚，但是再也不能改变其油脂含量了。

有些销售者为了增加沉香的神秘感，便告知客人：沉香树在死后倒伏，也是可以继续结香的。这种说法主要是因为销售者对香树结香过程不甚理解，难免产生臆想来蒙骗购买者，所以还是建议喜欢的读者们多分辨、多学习，免受伤害。另外，在此处沉香还有一个概念，就是所谓的"倒架"，其真正的含义是：沉香树死亡后倒伏于大地，促使所结沉香在地下进行了熟化的过程，这使它木制的形态发生了改变。这种"改变"使沉香与生长在树上时有了不同，变成了一种似土非土的状态（如下图），被称为熟香，越南富森红土便是此类沉香。但是它的油脂含量在这个过程中却不会改变了，这是树体在未死之前已然决定的。

我经常在想，自然界的生物固然神奇，但也总是有规律的。它们的神奇就是应顺了自然的法则，然后点滴积累直至成就。自然给人以智慧，而人也要尊重自然。在没有人类产生的亿万年间，那些香树独自芳香着，而我们只是

▼ 熟化沉香。产于越南富森地区，又名"红土沉香"，因为产于越南红色土质地下，所以香体颜色微红，为熟化沉香的代表。

发现者，并非创造者，所以在我们享受这一切福祉的同时，请保有一颗敬畏之心。

## （陆）沉香之误解

在中医药学里，我们将沉香分为四个等级：

一等是无白木、含油量十足、体质坚重的。

二等是稍显白木、含油部分占百分之七十以上的。

三等是白木显多、含油部分占百分之五十以上的。

四等是白木占比例较大、含油部分占百分之二十以上的。

这个标准是肉眼所见含油质量的判定标准，可以予以使用。因为，对于相同产区、相同品种、相同气味特点的沉香来说，质量坚黑者为上。但是单纯以这个标准来判断也并非十分全面。因为，对于沉香的品质来说，还有其他

各色沉水沉香及伽南。▶

一些不可忽视的因素，需要说明一下。

一、产地差别：沉香的产地不同，其价值也不同，主要会影响到它的气味品质。

二、油脂颜色差别：一般来说，颜色黑实的沉香质量为上。但其实沉香油脂的颜色并不能完全代表其味道的好坏。很多个体，油脂颜色浅淡，香气却十分美妙，也可称为极品。沉香的油脂颜色多显现为以下几种，即黑色油脂、红色油脂、褐色油脂、黄色油脂、绿色油脂。拥有这些油脂颜色的沉香也都有上品，且某些香品会出现多种颜色间杂在一起的现象。由此可见，以油脂颜色定义沉香的品质还是不够全面的。

三、树种差别：有些沉香树种即使结油充沛，也可见白木。比如国产白木香，有时结油很好，但也会有白木间杂其间，无法剔除。而有些树种可以结出一整块黑实的沉香，如马来半岛的 A.malaccensis 树种，有时由于地热的缘故，所结出的沉香如一块坚实的黑油，所以单靠目测很难判断它们的品质。

总结来看，其实对于沉香而言，首先评判的应是它的香气是否美妙，可不可以入品，而不是单看颜色，或是够不够沉。因为沉香的重点始终都在于"香"这个字上，如果一块香气不太好的沉香，即使纯黑坚硬，也很难归为上品的。相反，很多沉香质地虽然不是最佳，但香气馥郁迷人，也是可以传世的了。

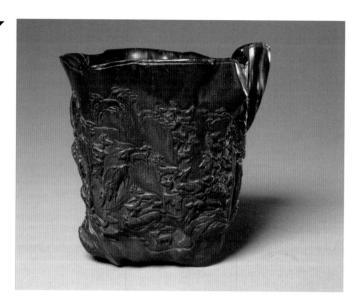

清中期沉香木雕百鹿图▶
杯。故宫博物院藏。

# （柒）沉香漫谈

最早出现沉香记载的文学作品是汉代笔记体小说《西京杂记》，在其第一卷中记载了赵飞燕做皇后时，与她一同嫁入宫中的妹妹赵合德送来的贺礼，其中有"沉水香"一物，便是沉香。另据《赵飞燕外传》载："后（赵飞燕）浴五蕴七香汤，踞通香沉水坐。"说其椒房殿的坐具也是用沉香木制作的，可见这位皇后的生活非常奢侈。

汉武帝平南越之后，南方香木始入宫廷，而最早记载"沉香为何物"的集著应是东汉议郎杨孚编撰的《交州异物志》，其云："蜜香，欲取，先断其根。经年，外皮烂，中心及节坚黑者，置水中则沉，是谓'沉香'；次有置水中不沉与水面平者，名'栈香'；其最小粗者，名曰'暂香'。"这条记载所写取香方法虽有差错，但可见已对"沉香"有了初步认知。之后在三国孙吴时期的万震所著《南州异物志》中，已有较为准确的结香过程记载及对沉香的理解："沉水香，出日南（今越南中部地区）。欲取，当先斫坏树，著地积久，外皮朽烂，其心至坚者，置水则沉，名沉香。其次在心白之间，不甚坚精，置之水中，不沉不浮，与水面平者，名曰栈香。其最小粗白者，名曰槃香。"其中"斫"为用刀斧砍之意，也就是让沉香树受伤，之后经年累月才可结香，而非"断其根"，断根后香树便会死，香树死后便不可结香了，只有在树体还存活时，致伤后，才可在伤处结香，这一点在上文中也作过解析。

对于沉香的产地和品质，古籍中也有记载，《诸蕃志》曾云："沉香所出非一，真腊为上，占城次之，三佛齐、阇婆等为下。"其中真腊在今柬埔寨境内，占城在今越南南部地区，三佛齐为大巽他群岛的一部分，阇婆位于今爪哇岛和苏门答腊岛。这条记载是说，论沉香的品质，从北到南依次渐差，这与我们当代对沉香的判断基本一致。其中真腊国在古时也名吉蔑国，其所产沉香在阿拉伯人看来是无比珍贵的，阿拉伯历史学家马苏第所著的《黄金草原》中写道："木尔坦国王收入的最大部分来自供在这个偶像（佛）前的珍贵的香木，尤其是纯洁的吉蔑沉香。每一'曼'吉蔑沉香可值 200 第纳尔。""第纳尔"是一种货币的单位，是指来自罗马帝国的一种被称为第纳尔斯（denarius）的银币；只是不知道一曼沉香有多重，所以也没办法换算出吉蔑沉香的准确价值。但是记载中却可以非常肯定地知道其珍贵的程度。国王最大部分的收入竟都用来购买这种香料了。

对于沉香的用途，早时古籍一直未有提及，只写到它的珍贵和气味的芳香。直到两晋时期，才有了将沉香编入方剂的记载，即石崇所用的"甲煎粉"。如何制作这种香粉呢？唐人王焘所著的《外台秘要方》中记载了四位医家的合香方法，分别是《千金翼（方）甲煎法》《崔氏烧甲煎香泽方》《古今录验甲煎方》及《蔡尼甲煎方》。以《千金翼（方）甲煎法》为例，其香方如下："甲香三两，沉香六两，丁香、藿香各四两，薰陆香、枫香膏、麝香各二两，大枣十枚取肉。"由此可见，此方较为复杂，需要使用多种名贵香料合制而成。而西晋的石崇却将这么名贵的香粉用在他的厕所里，真不枉其"豪奢"之名了。

现代沉香雕刻品。利用
香料的天然形态而雕刻
的枯叶，非常仿真。

另外还有很多关于用沉香制作家具的记载，也多是为了体现拥有者的富有与尊贵，却未提及其具体的功用。直到宋代丁谓所著《天香传》中写到一途，即"忧患之中，一无尘虑，越惟永昼晴天，长霄垂象，炉香之趣，益增其勤"，方开启我国先民对沉香的认知，原来它是忧患之中医心的良药。正如医病者都说"医身易，而医心难"，不想这沉香就是用来开导忧虑之心的，所以此后它才会被众多的文人雅客贤士大德所珍视。

## （捌）沉香中的珍贵品种——伽南香

一直以来，因为沉香与佛教因缘深厚，这使得很多人认为"伽南（奇楠香）"一词来自梵文音译，但是这种说法却不可考证。南宋著名僧人法云所编纂的《翻译名义集》中说"蜜香树"在佛经里名为"阿伽楼"，而沉香则名为"阿伽嚧"，这都是佛国著名的香华，是供奉佛祖最为殊胜的贡物，却未见到关于"伽南"一词的梵名。

"伽南"一词在中国典籍中，最早应出现于宋代，宋代官修《宋会要》的蕃夷历代朝贡篇中记载："乾道三年（1167年）十月一日，福建路市舶司言：本土纲首陈应祥等昨至占城蕃，蕃首称欲遣使、副恭赍乳香、象牙等前诣（太宗）进贡。……继有纲首吴兵船人赍到占城蕃首邹亚娜开具进奉物数：……加南木笺香三百一斤、

越南芽庄地区产顶级伽
南香。

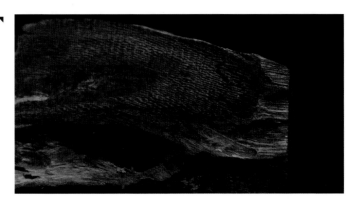

越南芽庄地区产顶级伽南香。

黄熟香一千七百八十斤。"这条记载中说占城国首领欲来
朝贡三百零一斤加南木笺香，这应是根据此物的发音而
直译过来的书面记载。

后来，元代周密在其追忆南宋都城临安城市风貌的《武
林旧事》一书中说到"禁中纳凉"："……纱橱后先皆悬挂
伽兰木、真腊龙涎等香珠百斛。"这可能有些夸张，但是
我们可以从中看到，宋代宫廷内有悬挂"香珠"的习惯，
制作香珠的材料是伽兰木和龙涎香等名贵香料，以此祛暑。
还说这环境如同仙境一般，真是奢华至极。这里的"伽兰"，
恰巧与代表"寺院"的梵音"伽蓝"发音一致，这应是巧合。

宋代《陈氏香谱》中"伽兰木"一条说："一作伽蓝木。
今按，此香本出迦阑国，亦占香之种也。或云生南海补陀
岩，盖香中之至宝，其价与金等。"此条记载中香的产地
虽不可考证，但可知这种香生于南海某地，是占城香的品

种，为香中至宝。

元代民间航海家汪大渊所著《岛夷志略》中写到占城地产"茄蓝木"。明代《西洋番国志》中作"茄蓝"，《瀛涯胜览》作"加蓝"，《长物志》作"伽南"，《考槃余事》《星槎胜览》及《遵生八笺》中作"棋楠"，这些记载均是指占城国所出的那种珍贵香料。由此可见，"伽南（奇楠）"之名的发音均基本相同，应为产地本土语言词汇。而我国的记录是根据它的发音直译成常见的文字，再撰写于各色作品之中的。到明代陈继儒所著的《偃曝谈余》中或许方下定论："占城奇南，出在一山，酋长禁民不得采取，犯者断其手，彼亦自贵重。《星槎胜览》作琪楠（可能是不同时期版本问题，所以字有不同），潘赐史外国回，其王馈之，载在志，则作奇蓝，此当是的。"记载中说道，我国在外藩的刺史回国前夕，当地国王将奇蓝作为礼物赠送于他，以此留念。这件事被记载入志，此物也因此定名为"奇蓝"了。

综上可见，"伽南香"这种香料的名字，不论被记载成哪些文字，均是指占城国所产之物，在我国宋代或许更早就开始进口，并大量使用了。但是，对于这个名词，在我国最早的记载也只是出现于宋代典籍之中，由此又引出另外一个问题：我国使用沉香的历史可以追溯到汉代约2200年前，与宋代有载相差约1000年，难道在此期间，我国就不产"伽南（奇蓝）香"了吗？或是，宋代之前，我国先民没有使用过这种香料，而"伽南（奇蓝）香"只是自宋代才舶来的物品？其实，在宋代占城奇蓝舶来之前，对于我国所产的相同性状的香料，是另有名称的：根据奇蓝的特殊性状来进行对比研究，古籍中对国产海南奇蓝香最早的称呼应该是"黄蜡沉"，北宋丁谓的

《天香传》提到："……曰黄蜡，其表如蜡，少刮削之，黳紫相半。"北宋寇宗奭的《本草衍义》中载："亦有削之自卷，咀之柔韧者，谓之黄蜡沉，尤难得也。"这已明显是奇蓝香的性状特征了。而这一观点后来也得到证实，清代纳兰常安撰写的《宦游笔记》曾说："伽南（俑）一作琪南（琳），出粤东海上诸山，即沉香木之佳者，黄蜡沉也。……香成则木渐坏，其旁草树咸枯。"这个记载不仅说明了早年我国将与"占城奇蓝"性状一致的香品称为"黄蜡沉"，还说明了伽南香在生长过程中的一个特点：就是香树为了孕育这块香品，会逐渐将自身的大部分养分都供于病灶部位，还将周围数米内所生长的其他植物的养分也都索走，这样若干年后，就得到了这样一个结果：奇蓝香成，香树和它周围的草木皆枯。这样的物种生态不免让人感到悲壮，却又恰恰养成了这般天香，这真是大自然的神奇造物呀！所以我们的万般感谢也不足以咏叹它们的生死，唯有珍惜才能不负所托吧。

其实，自明代开始，我们也有了本土伽南（奇蓝）的记载，明末徐树丕的《识小录》中说道："琼州亦有土棋楠，白质黑点，即所谓鹧鸪香，入手终日馥郁。"所谓"鹧鸪香"并不特指伽南香，这个概念只是在说明香品的油脂花纹。不止海南沉香，像越南沉香、柬埔寨沉香，也有这个特点。《粤海香语》中说："产琼者名土伽南（俑），状如油速，剖之香特酷烈，然手汗沾濡，数月即减，必须濯以清泉。"此处所说"油速"，为结香时间较短的沉香，其质黄而松，在外观上有如"黄蜡沉"。《宦游笔记》中说："琼草亦有土伽南，白质黑点。今南海人取沉、速、伽南于深山中，见有蚁封高二三尺，随挖之，则其下必有异香。"由此可见，到了明清时期，"伽南"一词

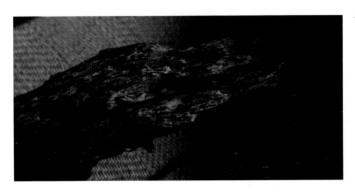

已经得到普及，从此我们将具有这种性状的香品，不分国产蕃贡，均称为"伽南香"。①

　　说到这里，那到底什么才是伽南香呢？我们在此也做一些简单说明，若想深入了解，请参考笔者所著《心香一瓣》，以便详细学习。

　　伽南香，是沉香的特殊品种，因某些内在或外在因素的影响，使其产生了质的突变，从而形成了与沉香性状有所差异的香品，是沉香中最为珍稀的品种，历来被世人所钟爱。

　　以现代植物学研究方向来看，树体产生伽南香的情况主要有以下两种：

　　第一，产于沉香属植物的特定树种，即伽南树种，如主要生长于越南中南部地区的 A.banaensae 种，这个树种的树体同样要经历创伤、感染及自我疗愈的过程，而结出的香品，即是伽南香。其品级也如沉香一般，会有高低差

① "伽南"一词的读音及书写见于清代各宫廷记录或档案之中，为清代使用者对这一香料的特定名词，现两地故宫博物院均在延用，故本文也以此名为题。

强之分。

第二，某些其他沉香属树种，因所在环境比较特殊，或所感染的菌群比较特殊，致使树体的抵抗机制产生了一定的变化，从而产生与第一种伽南香相同性状的香品，也为伽南香。目前来看，可以发生这种变化的树种有我国特产的白木香 A.sinensis 种、东南亚地区普遍分布的 A.crassna 种及容水沉香 A.malaccensis 种。这些香树因所在地域特殊的环境因素、土壤因素和所感染菌群的组成结构因素，从而促发了树体产生一系列更加激烈的抗病反应，从而形成与本树种所产沉香性状相异的香品，也为伽南香。

第一种结香方法相对来说比较容易理解，而后一种情况就比较复杂了。所以，对于伽南来说，品种和产地也是多样的，这便造成了市场上混乱的认知，所以需要消费者仔细分析辨认，有条件者最好向相关专家咨询。

清代伽南香数珠。▶

# 二、檀　香

## （壹）檀香本物

檀香（Santalum album L.），或名印度檀香，为檀香属植物的心材。檀香是一种小型热带常绿树种，原产于印度、印度尼西亚及马来群岛，一般高度可生长为4—9米之间。

檀香树龄可到百年，在生长的过程中树体习性会发生改变，通常为直立蔓延，也可与其他物种交织生长，有寄生根。檀香会寄生在其他树种的根部，它的根具有很强的吸附适应性，但是却不会对宿主造成重大损害。檀香可以在300多种植物上进行寄生，其中也包括其本身。它的寄生根可以为自身的发育提供磷、氮等生长所需的营养。寄生于大树时，还可以为自己遮阴，特别是在发育的早期。

檀香树在生长五年后便可以产生有活力的种子，之后可通过鸟类传播。树体早年时开白花，后随树龄的增长，花会变成红色或橙色。

檀香树生长大约10年后，树干才开始发香。因其产香过程相对缓慢，而檀香的用途却十分广泛，所以一度遭到大量砍伐，之后再生时间又相对较长，这便致使这种香树濒临灭绝，所以在1998年被列入世界自然保护联盟濒危物种红色名录，划分在珍稀物种行列。

檀香所提炼的精油已被广泛地使用于民间医学，可用于治疗常见的感冒、支气管炎、皮肤病、心脏病、全身无力、发热、泌尿道感染、口腔和咽部炎症、肝胆疾病等。另外，瑞士利用白化病小鼠做

印度市场上贩卖的白檀香与黄檀香。

过药理实验，证实了 α-檀香醇和檀香油具有体内抗高血糖和抗氧化的能力。此外，还发现檀香油具有抗菌和抗氧化的特性，这可能要归功于其所含倍半萜、莽草酸等物质。

# （贰）檀香漫谈

《大唐西域记》有云："（印度人）身涂诸香，所谓旃檀、郁金也。"在古印度，人们普遍有用诸香涂身的习惯，在其都城阿逾陀，基本上碰不到不涂香膏、不抹香油的人，他们每个人浑身都透着香气。这大概和印度炎热的天气有很大关系，再加上那里又是各种香料的盛产国，所以便形成了全民用香的状况。这使得大唐高僧玄奘西游到印度之时，碰到这个场景，颇为感叹。

然而虽然全民都有用香的习惯，但贵族与平民之间选择香料的种类还是有差别的，如《简明不列颠百科全书》中说道："檀香木磨碎制成糊膏，用于标志婆罗门种姓身份。"婆罗门是印度教（婆罗门教）的祭司贵族，他们掌握神权，占卜祸福，垄断文化教育和报道农时季节的权力，主持王室仪典，在社会中的地位是最高等的，檀香则代表着他们的身份，是一般百姓不可以使用的。据印度史诗《罗摩衍那》记载，古拘萨罗国国王十车王的儿子罗摩，身上经常涂着上好的旃檀香，香气浓郁，流溢满屋，像野猪血一般闪着红光。这个记载中的旃檀香从颜色上看仿佛更像是现在我们所熟知的硬木紫檀，并非像现在所熟知的白檀香，所以慧琳所著《一切经音义》卷二十七说道："旃檀那，谓牛头旃檀（黄檀）等，赤即紫檀之类，白谓白檀之属。"也就是说，唐宋时期，檀香的种类分为白檀、黄檀及紫檀三种。其中黄檀现代是指一种普遍生长于热带地区的乔木植物，其木材部分并未有明显特异的香气，所以记载中所谓的"黄檀"应是颜色发黄的白檀香，与现代我们所熟知的正产区老山檀香非常相似，木材部分为黄色且油亮，为檀香的上品；而紫檀从颜色上看，应是我们现在用来制作高档家具的木材，也原产于印度，木材部分有奇特香气，却不如檀香那么浓烈，所以后来较少作为香料来使用了。而白檀就是我们现在常用的檀香木，原产于印度，后斯里兰卡、澳大利亚等热带地区也有种植，只是相较于印度老山檀香来说，颜色浅了许多，以白色为主，香气更加生烈一些，也是檀香的主要产区。所以所谓"旃檀香"，即以上三种檀香的总称，色黄为黄檀，色白为白檀，赤色为紫檀也。

而我国所使用的檀香则以白檀为主，如《新唐书·南蛮传》记："单单（即单单国，在今马来西亚南部的吉兰丹），在振州东南，多罗磨之西，亦有州县。木多白檀。"《旧唐书·南蛮西南蛮传》记："堕婆登国（疑为爪哇岛），在林邑南。……贞观二十一年，其王遣使献古贝、象牙、白檀。"《诸蕃志》记："檀香出阇婆之打纲（加里曼丹岛的吉打榜）、底勿（帝汶）二国，三佛齐（在今苏门答腊东南部）亦有之。"

檀香进入中国，主要是因为佛教的传入，檀香在我国的应用也多与佛事有关，如制作佛像，《法苑珠林》载："其初作时，罗汉将工人上天，三往方成。第二牛头旃檀，第三金，第四玉，第五铜像。"可见用檀香制造佛像，在佛教中比金、玉品级还要高。

另外，焚檀香供佛也是非常重要的佛事活动，从现存唐诗来看，在那时檀香应是寺院常用的香料，如白居易《游悟真寺诗》中写道："次登观音堂，未到闻旃檀。上阶脱双履，敛足升净筵。"还有诗僧贯休的《经旷禅师院》有写"水檀香火遗影在，甘露松枝月中折"。看来在寺院中，熏燃檀香已是惯例。在日复一日的熏染中，使得庙堂里都是香气，这才有"古色古香"之说吧。

▲ 现代檀香雕刻艺术品《瘦骨罗汉》，林建军作。

在佛教中，甚至有许多用檀香命名的佛及菩萨名号，如南无旃檀佛、南无须弥旃檀佛、南无南方旃檀德佛等；还有多部用檀香命名的佛经，如《出三藏记集》里有《栴檀调佛经》一卷、《栴檀书经》一卷、《分栴檀王经》一卷及《栴檀涂塔经》一卷。

由此可见，檀香于佛教的重要意义，几乎可以代表此教，已然成为一种宗教信物，在历史与文化中有着非常重要的地位。

# 三、龙涎香

## （壹）龙涎香本物

龙涎香（Ambergris），是抹香鲸消化系统所产生的极为珍贵的动物性香料，被西方人称为灰琥珀，是一种外貌阴灰或黑色的固态蜡状可燃物质，具有独特的甘甜土质香味。龙涎香因其独特的香气，以及可以使花香更加持久的特性，在欧洲作为香水调制中的定香剂而被大量使用。

龙涎香味甘、气腥、性涩，具有行气活血、散结止痛、利水通淋、理气化痰等功效，主要用于治疗咳喘气逆、心腹疼痛等症，只是现在所谓的龙涎香大部分已被化学合成物所取代，常应用于日常医药及日化产品之中，这当然也是一种对野生物种很有效的保护措施。

可以产出龙涎香的抹香鲸（Physetermacrocephalus）又称巨抹香鲸、卡切拉特鲸，是世界上最大的齿鲸，成年抹香鲸的体重可以达到35000—57000公斤，以深海中的巨乌贼为主要食物。只是此类乌贼的肉虽然比较柔软，但其鸟喙状的颚片和内骨骼却难以消化，这些物质通常会残留在抹香鲸的胃中，并停留一段时间，然后通过鲸自身特殊的消化机制，缓慢排出体外。曾经有人在一头成年抹香鲸的胃中发现了两万多个颚片，这些颚片一般情况下并不会对抹香鲸造成伤害，因为抹香鲸每隔六七天就会把胃中累积的难以消化的食物残渣吐出来，所以通常这些颚片并不会进入到抹香鲸的肠道内。

但是偶尔也会有某些个体出现消化不良的情况，从而使这些固体物质进入到抹香鲸的肠道，并随着肠道的蠕动进入直肠，与其粪便混合，结成半固体状结块。这些结块会堵塞直肠，导致它们排便困难。为了解决这个问题，抹香鲸自体便会加强肠壁对粪便中水分的重吸收，使阻塞物的体积缩小，再通过肠道蠕动使其表面变得光滑，从而形成粪石排出体外。但有时这些阻塞物就像一个小水坝，截留其他新的固体物，从而越变越大，并在抹香鲸的肠道中经过细菌和各种酶的复杂加工，最终形成龙涎香。

可以产生龙涎香的抹香鲸大约只占鲸群的百分之一，虽然这种固体物质本身对抹香鲸来说没有太大的危害，但如果长时间未能排出体外，长得太大，就可能使其肠壁破裂，最终导致抹香鲸的死亡。1914 年，就有一位捕鲸人在抹香鲸肠道中发现了一块重达 455 公斤的龙涎香，实在是非常罕见。这对于人类来说是珍宝一样的物质，却给这头抹香鲸造成了巨大的伤害，最终导致其死亡。

每一块龙涎香都经过不同的过程才排出鲸鱼体外，所以每一块龙涎香皆有它独特的香气。龙涎香很轻，像浮石，表面摸起来有种蜡质感。它们刚被排出时呈黑色，柔软到可以揉成球，之后随着时间的流逝，发生一系列氧化反应之后，就会变成银白色，成为最高级的龙涎香，从而被西方古老的香水业所追捧。


## （贰）龙涎香漫谈

"龙涎"一词在唐代诗文中屡次出现，如白居易的《游悟真寺诗》

# Sperm whale/Cachalot

云："泓澄最深处，浮出蛟龙涎。侧身入其中，悬磴尤险艰。"
还有杜牧的《暝投灵智寺渡溪不得，却取沿江路往》云："沙
虚留虎迹，水滑带龙涎。"和贯休的《怀匡山山长二首》云：
"白石峰之半，先生好在么？卷帘当大瀑，常恨不如他。
杉罅龙涎溢，潭坳石发多。"由这些诗可见，"龙涎"这个
词在唐代已被非常普遍地使用，可是这到底是否在说龙涎
香呢？世界著名汉学家爱德华·谢弗在其所著《唐代的外
来文明》中认为："在中国，这个问题似乎直到唐末才提
出来。……虽然在唐朝的诗歌中就已经使用了'龙涎'这
个词，但是当时只是在谈到有龙出没的水域中的浮沫时，
才使用'龙涎'这个说法的。"这个说法十分符合以上这
些诗的意境，也就是说，这些诗中所用"龙涎"一词，是

来代表水上浮沫的，并不是龙涎香的意思。

龙涎香在唐代称为"阿末香"，来自阿拉伯语"anbar"。唐代段成式所著《酉阳杂俎》中曾载："拨拔力国，在西南海中，不食五谷，食肉而已。常针牛畜脉，取血和乳生食。无衣服，唯腰下用羊皮掩之。其妇人洁白端正，国人自掠卖与外国商人，其价数倍。土地唯有象牙及阿末香。"其中"拨拔力国"在今东非索马里北部亚丁湾南岸的柏培拉附近，为古代东西方交通线路上的重要港口。

但实际上，在唐宋时期，大食国（阿拉伯帝国）商人才是阿末香的主要贸易商，这与《酉阳杂俎》中的记载大相径庭，这主要是因为那时大部分地区对龙涎香都不是很了解。直到宋代地理名著《岭外代答》中方有记载，其中"龙涎"一条目云："大食西海多龙，枕石一睡，涎沫浮水，积而能坚。鲛人探之以为至宝。新者色白，稍久则紫，甚久则黑。因至番禺尝见之，不薰不莸，似浮石而轻也。人云龙涎有异香，或云龙涎气腥能发众香，皆非也。龙涎于香本无损益，但能聚烟耳。和香而用真龙涎，焚之一铢，翠烟浮空，结而不散，座客可用一剪分烟缕。此其所以然者，蜃气楼台之余烈也。"至此才将龙涎香的产地与产香过程做了一个大概准确的描述，只是与真正的产生过程还是有很大出入。但这并不妨碍人们对这一问题的关注，正因为"龙涎香"产生过程是这般的神秘莫测，使它很快成为一种受人追捧的、且极其名贵的外来香料，在唐代的中晚期进入到我国那时的王公贵族的日常生活之中，而对于"龙涎香到底是什么？"这个问题的追问，却正如谢弗所说："似乎直到唐末才提出来。"

龙涎香在宋代也是非常昂贵的奢侈品，在南宋志怪小说《夷坚志》里，就曾写到仿制龙涎香以牟取暴利的故事："许道寿者，本建康道士。后还为民，居临安太庙前，以鬻香为业。仿广州造龙涎诸香，虽沉麝笺檀，亦大半作伪。"这个故事写到了一个还俗的道士在南宋都城临安贩卖号称伪造的龙涎香，不仅如此，连他贩卖的沉香、麝香、笺香及檀香也大半是伪造的。如此一看，竟与当今社会的造假如出一辙，非常有趣。在这个故事中，作者还给了造假者一个非常凄惨的结局，可见造假之事招人愤恨也是由来已

▼ 龙涎香原材，白龙涎香
为顶级龙涎香原材。

久的。

龙涎香有非常特异的香气，在香水中大量使用，这是因为龙涎香作为动物性香料，从香气性情上来看有吸引异性的作用，所以被很多人所喜爱。关于它的香气，费信在《星槎胜览》中有记载："若斗大圆珠，亦觉鱼腥，间焚之，其发清香可爱。"因此，龙涎香非常受王公贵族的追捧，元代周密在追忆南宋都城临安风貌的《武林旧事》中说到"禁中纳凉"一事，其中有个细节如下，"纱橱后先皆悬挂伽兰木、真腊龙涎等香珠百斛，"其中"斛"为旧量器，一斛为十斗，可见用香数量之多。南宋宫廷中居然使用百斛的名贵香料"伽兰木"和"龙涎香"合制而成的香珠，悬挂于纱橱之后，只是用来纳凉，由此可见南宋宫廷生活的奢靡。还记得我初见这条记载的时候，感觉非常震撼，便也想用这种方法制作一料"香珠"，以求体验这种奇异的香气，真不知当是何等的芳香醉人，才能使周密用"初不知人间有尘暑"来形容。于是我便取来我国海南所产的"伽南香"与阿拉伯所产的灰色龙涎香，通过一定比例调和在一起，入瓮窖存，待一段时间后取出，上炉来品。不想竟有那样美妙绝伦的香气，带给我的震撼远比看到这条记载时更加让人难忘。我也终于明白了，为什么在古人的生活中将这些香料放在了那么重要的位置：那种香气居然美妙到无词可喻的地步，真可谓是振聩人魂。

# 四、麝 香

麝香（Moschus）产自于脊索动物门脊椎动物亚门哺乳纲麝科动物，如林麝、马麝或原麝等，其成熟的雄性身体下方，位于肚脐和生殖器之间长有腺体，即麝囊，囊中存有的干燥分泌物，即为麝香。天然麝香的形成是因为麝群在交配期间，雄性为吸引雌性而产生的自身腺体分泌物。所以未经稀释的麝香固体有很强烈的腥臊味道，这一点与前文所说的龙涎香极为相似。但是用酒精稀释后，便会转化为奇特而馥郁的芳香类气味，所以也一直被欧洲香水行业所青睐。另外，除上述主产动物外，北美洲的麝鼠、澳大利亚的麝鸭、中美洲的麝龟等多种动物也可分泌麝香。

▼野生麝手绘图。

麝科动物主要分布于印度、巴基斯坦、中国、蒙古、西伯利亚等地区。在我国，林麝一般分布在四川、甘肃、陕西一带，常出现在海拔 3000 米的针叶林区；马麝分布在青藏高原；原麝则分布于东北大兴安岭、小兴安岭以及长白山一带。

野生麝香的采制一般是在冬春两季猎捕之后，割去麝的香囊，阴干。不取出内存物的为"毛壳麝香"，取出香囊中分泌物的为"麝香仁"。

在我国，麝香最早出现于《神农本草经》，为上品兽类药物，"味辛温。主辟恶气，杀鬼精物，温疟，蛊毒，痫痉，去三虫。久服除邪，不梦寤厌寐。生川谷"。《说文》云："麝如小麋，脐有香，黑色獐也。"可见我国早在汉代便开始使用麝香来治疗疾病了。

麝香具有开窍醒神之功效，治疗热闭神昏的安宫牛黄丸、牛黄清心丸和寒闭神昏的苏和香丸就是取此药效。麝香还可以活血止痛，可以用来治疗淤血诸痛，如血淤经闭、心腹爆痛、跌打损伤等症。另外中医学还认为，麝香有催产下胎之效，所以主张孕妇禁用，但并没有直接证据可以证明麝香会导致女子不孕。

麝香仁和麝香囊。▼

在我国，麝香不仅可以入药使用，还常常被当作香料而用量颇大，长期以来的猎捕致使野生麝种群濒临灭绝。因此我国将野生麝香与犀牛角、牛黄、熊胆、羚羊角等动物源药材一同列入中华人民共和国国家药品监督管理局的管制清单，为国家管制药材，严禁私自买卖，并实行价格管制。天然麝香原来只准许添加于安宫牛黄丸、苏合香丸、西黄丸、麝香保心丸、片仔癀、云南白药、六神丸七种中成药中，后这些药中也改为添加人工合成麝香，从而彻底杜绝使用野生药源了。

　　现在我国常用非人工合成麝香，药源为养殖麝，一般可通过特殊工艺活体取香。

　　麝香作为香料，最早多用于熏衣防蛀，后来入合香使用，未见单方直接使用的情况。麝香虽为四大名香之一，并在合香方中屡屡出现，但在使用上却要十分讲究，投入的量一定要精准，如《和香序》中写道："麝本多忌，过分必害。"唐宋之后，麝香也常被添加在高等级墨中，这不仅使得书画作品自带香气，也可以在一定程度上防止纸张被虫蛀咬，一直为文人们所喜用。

# 五、树脂类香料

## （壹）乳　香

乳香，是由橄榄科植物乳香属（BoswelliacarteriiBirdw.）及同属植物（BoswelliabhaurdajianaBirdw.）树皮所渗出的含有挥发油的香味树脂。乳香属植物主要有齿叶乳香、埃及乳香、纸皮乳香和神圣乳香等，主要分布于北埃塞俄比亚、索马里以及南阿拉伯半岛苏丹、土耳其等地。

乳香是最早进入我国的外来树脂类香料，汉代称为"薰陆香"，汉武帝时已作为药物开始使用了，在连云港尹湾村出土的汉代木牍《武库永始四年兵车器集簿》中有释文为"薰毐八斗"的记载，即是此香。

乳香树滴脂。▶

乳香是我国宋代时进口量最大的外来香料,《宋史·太祖本纪》中记载,北宋初年,泉州陈洪进遣使于乾德元年（963年）十二月,"贡白金千两,乳香、茶药皆万计。"据考证,公元11世纪,阿拉伯半岛的一些国家开辟了至中国广州、泉州的海上商路,即"海上丝绸之路",又可称为"海上乳香之路",在那时,通过这条路每年向中国出口的乳香数量多达上百吨,可见宋代对乳香的需求量非常大。当然不仅我国如此喜爱使用乳香,很多天主教国家也非常看重此物,据《圣经·马太福音》第二章记载,来自东方的贤士带了黄金、乳香和没药去伯利恒朝圣,并将其奉献给了降诞于人间的耶稣。所以直到现今,天主教的重要弥撒中仍然会用到乳香。

## （贰）安息香

安息香,现为安息香科植物白花树（Styraz tonkinensis（Pierre）Craib ex Hart.）的干燥树脂（《中

①《中国伊朗编》，（美）劳费尔，2016 年，北京，商务印书馆，第 315 页。

国药典 2020》）。这种香料在我国历史中，前后代表的并非单一物种香料：魏晋隋唐时期的安息香，也名"返魂香"，是指从返魂香树里提取的树胶 ①。美国汉学家谢弗在其所著《唐代的外来文明》中也曾说道："在唐代以前，安息香是指广泛用作乳香添加剂的芳香树脂或返魂香树胶脂"。

"返魂香"最早在我国的记载出现于汉代，东方朔所撰《海内十洲记》中记载了月氏国向汉武帝进贡返魂香的事情。只是这个故事颇为传奇，虽不足为信，但是却由此可知，至少在汉代，返魂香已经被引进，这便是我国最早开始使用的"安息香"。

②《新修本草》卷 13，苏敬等撰，尚志钧辑校，安徽科学技术出版社，1981 年，338 页。

唐初《新修本草》中记载了这种早期"安息香"的药用价值："味辛，苦、平、无毒。主心腹恶气鬼。出西戎，似松脂，黄黑各为块，新者亦柔韧" ②，其中"西戎"是

安息香原材。▼

指那时活跃在今陕西、甘肃、宁夏等西部地区的原始部落；这里说"出西戎"，是因为那时的东西方贸易之路经过此地，"西戎人"很有可能充当了中间商的角色，因为安息香是由他们贩卖而来，所以被误认为是产于西戎的商品。

而关于安息香的产地，后段成式在其所著《酉阳杂俎》中记载道："安息香树，出波斯国，波斯呼为辟邪。树长三丈，皮色黄黑，叶有四角，经寒不凋。二月开花，黄色，花心微碧，不结实。刻其树皮，其胶如饴，名安息香。六七月坚凝，乃取之。烧通神明，辟众恶。""波斯国"是位于今西亚地区伊朗高原上的一个古老帝国，现在这个地区仍在广泛地种植这种植物。唐末《海药本草》也曾记载过："（安息香）生南海，波斯国。树中脂也，状若桃胶，以秋月采之。"

但是事实上，这种产于波斯的早期安息香在中唐时期就逐渐被另外一种香料所替代了。谢弗写道："到了中唐时期，在阿拉伯人中间以'Luban Jawi'（爪哇香）知名的、苏门答腊的'benzoin'作为芳香树脂的代用品传入中国，而且这种爪哇香的汉文名称也被称作'安息香'。"汉学家劳费尔甚至认为《海药本草》中所说的是马来亚的"波斯"，而不是中亚的"波斯"[3] 后李时珍在《本草纲目》中记载："今安南、三佛齐诸地皆有之。"安南，即今越南地区，三佛齐是在今马来半岛及巽他群岛的一个古国。可见这时的"安息香"是产于马来群岛上的一种香料了。

③《中国伊朗编》，（美）劳费尔，2016 年，北京，商务印书馆，第 315 页。

至于这种香料名字的由来，李时珍说有一种可能："安息，国名也。梵书谓之拙贝罗香，"这种看法最被后世研究者们所认同。

如此看来，到了唐代的中后期，原本进口于伊朗地区的安息香就逐渐地被产于马来西亚地区的安息香所替代了，这种替代品是一种名为小安息香树（Styrax benjoin）所产的树脂，与前文提到的安息香科植物白花树所产树脂一同，为唐中后期之后香药安息香的植物来源，直到现今我国仍在使用。而这种安息香的主要药用价值为"开窍清神、行气活血、止痛"等。

此处需特别提到的是：安息香与麝香、苏合香均有开窍清神的作用，也均可治疗猝然昏厥，牙关紧闭等闭脱之证。但这三者的药性有强、弱之分，其中麝香作用最强，安息香、苏合香开窍之力相似；麝香兼有行气通络、消肿止痛的功效，安息香也可行气活血，同时也可用于心腹疼痛和产后血晕之症等。


# （叁）没　药


没药，为橄榄科植物地丁树（Commiphora myrrha Engl.）或哈地丁树（Commiphora molmol Engl.）的干燥树脂。分为天然没药和胶质没药（《中国药典 2020》）。这一属植物多为低矮灌木，主要分布于索马里、埃塞俄比亚、

▼ 没药原材

阿拉伯半岛及印度等地。

在我国最早对"没药"的记载应是志怪小说《汉武故事》，书中说汉武帝在迎接西王母的时候要烧一种名为"兜末香"的外来香料，还说这种香是"兜渠国"所进献的[④]。据专家推测，这种"兜末香"就是汉代"兜国"所献的"末香"，至于这种香料为什么叫做"mo"，《本草纲目》中推测"没"和"末"都是梵语音译的字词，而没药的现代学名称为"Myrrh"，发音却是相同。

《海药本草》引用《广志》的记载："（兜纳）生西海诸山"，所谓"西海"，是指今地中海地区，这与我们现代所了解的没药产地基本一致，而至于它古时的香名"兜末香（《汉武故事》）""兜纳香（《海药本草》）""兜木香（《本草拾遗》）"，这其中的差异应是由于不同时

④《汉魏六朝笔记小说大观》，王根林等校对，上海古籍出版社，1999年，"王母遣使谓帝曰：'七月七日我当暂来。'帝至日，扫宫内……烧兜末香，香，兜渠国所献也。"第173页。

期的语言发音习惯导致的汉译名称的不同，而这些名称所代表的这味香料均有"烧之辟恶气"的功效，可见这些名称应都是我国早期对同一种进口香料——没药的称呼。晋代郭义恭所著《广志》中还对这种香料的药用价值进行了较为详细的描述："（兜纳香）主恶疮肿瘘，止痛，生肌，并入膏用；烧之能辟远近恶气，带之夜行，壮胆，安神。"⑤据现代医学研究证实，没药外用时，确实可以"散瘀定痛，消肿生肌"，这与郭义恭的记载完全一致。

而对于没药可以"辟恶气（疫病）"的这种功效，史学家们还有另外一种认识，即前文多次提到的汉武帝所烧的"返魂香"也有可能是没药，因为成书于公元9世纪的梵藏辞典《翻译名义大集》中曾译注道：梵语的guggula，即为返魂香树所产树脂，汉语译名为"安息香"，又译为"唵巴香"，而它的英译名称则是"印度没药"⑥。"印度没药"是橄榄科另一个亚种的植物 Commiphora mukul Engl. 所产的树脂，也是产生没药的主要药源植物，但是这个品种却未被我国药典所收录，这有可能是因为目前我国所使用的没药没有这个品种。《隋书》第八十三卷《西域传》中曾记载道："漕国……（出）石蜜、半蜜、黑盐、阿魏、没药、白附子。""漕国"是指位于今印度西北地区的一个古国，这正是印度没药的部分产区。但是我个人认为，"返魂香"应还是更接近于"安息香"，东方朔曾在《海内十洲记》中写道："聚窟洲在西海中……山多大树，与

⑤《海药本草》卷2，李珣著，尚志钧辑校，北京，人民卫生出版社，1997年，第20页。

⑥《印度梵文医典〈医理精华〉研究》，陈明，北京，中华书局，2002年，第531页。

枫木相似，而花叶香闻数百里，名为反魂树。""枫木"是可以长到二十多米的乔木，与之相似的只有可能是"安息香"，因为安息香树也是可以长到10-20米的乔木树类，而印度没药却是生长在沙漠边缘的一种耐旱带刺的低矮灌木树类。由此可见，"返魂香"更有可能是古时的"安息香"。

读到这里，是否感觉到在我国早期的记载中，"没药"与"安息香"一直混淆在一起，根本无法分辨那时我们进口的到底是什么香料，这也正是各位汉学家感到困惑的地方。既然这样，我们便来看看国外的一些资料：据美国俄勒冈州波特兰传统医学研究所所长 Subhuti Dharmananda 博士所著《Myrrh and Frankincense》（《没药与乳香》）一文中说道：至少在公元前 1500 年，没药与乳香就已经在整个中东地区作为商品进行交易了，但直到公元 4 世纪在中国的书籍中才开始提到。这应该是指我国东晋时期，徐表所著《南州记》，其中有记载为："（没药）生波斯国，是彼处松脂也。状如神香，赤黑色。"这应是我国最早出现"没药"这个词汇的记载。其中"神香"应是指汉武帝所烧的"返魂香"⑦，在这条记载中应已将"没药"与"安息香"做了区分。

另外，我们前文也做了分析，汉代使用的"兜末香"很有可能就是没药。也就是说，"没药"至少在汉代已进入我国，只是并未用"没药"这个名称进行记载，所以在一定程度上造成了考证的困难。至于公元前十五世纪，我

⑦《汉魏六朝笔记小说大观》，王根林等校点，上海，上海古籍出版社，1999 年，第 67 页，文中一直将"返魂香"称为"神香"，如"故搜奇蕴，而贡神香……神香起夭残之死疾，……帝试取月支神香烧之于城内，其死未三日者皆活。"

们是否与"西域"有过香料的贸易往来，虽不能做确切的考证，但在一些记载中却可以看出早在商代，我国已与周边很多国家有过往来了，如《竹书纪年》卷上有载："太戊遇祥桑，侧身修行。三年之后，远方慕明德，重译而至者七十六国。商道复兴，庙为中宗。"⑧或许那时，我国与西方的商道已经开始形成。

⑧《中西交通史料汇编》，张星烺编著，华文出版社，2018年，第35页。

经过至少两千多年的使用经验，现代医学研究证实，没药除外用时的"散瘀定痛，消肿生肌"功效，内服还可以治疗"胸痹心痛，胃脘疼痛"等症，并常与乳香一同用于治疗心脏疾病的药物之中，原方"速效救心丸"中便有这两味香药。

## （肆）苏合香

苏合香，为金缕梅科植物苏合香树（Liquidambar orientalis Mill.）的树干所渗出的香树脂经加工精制而成。它的制作方法为：每年秋季剥下树皮，榨取香树脂，残渣加水煮后再压榨，榨出的香脂即为普通苏合香。若再将其溶解在酒精中，过滤，蒸去酒精，则可制成精制苏合香。这种香料有开窍辟秽、开郁豁痰、行气止痛的功效，常用来治疗"中风痰厥、猝然昏倒、胸痹心痛、胸腹冷痛、惊痫"等症。

我国最早有苏合香记载的应是班固的书信《与弟超

苏合香原生植物手绘图。

书》，"窦侍中令载杂彩七百匹，白素三百匹。欲以市月
氏马、苏合香"⑨，用如此多的丝绸来换取马匹和苏合香，
这说明窦氏家族财力非常雄厚，这也从另一个侧面反映了
那时我国与西方的贸易情况：我国人用各色的绸彩来换取
如"月氏国"这样的中间商的马匹、香料等物，然后这些
中间商再将换来的丝绸彩缎运到西方，进行再一次的贸易，
以此来换取更多的商品或黄金。

　　只是窦侍中所换取的苏合香并不是产自于"月氏"的
商品，西晋司马彪在其所撰《后汉书》中曾记载道："大
秦国，合诸香煎其汁，谓之苏合。"之所以有这样的说法，
是因为《梁书》中说的这种情况："中天竺国出苏合，是
诸香汁煎之，非自然一物也。又云：大秦人采苏合，先笮

⑨《艺文类聚》卷85，
欧阳询撰，汪绍楹校对，
上海古籍出版社，1982
年，第1456页。

⑩《太平御览·香部二》中华书局，1970年版。

其汁，以为香膏，乃卖其滓与诸国贾人。是以展转来达中国，不大香也。"⑩ 正是因为中间商将已经提炼过香膏的苏合香的渣滓辗转贩卖到了我国，所以不仅造成了香"不大香也"的情况，而且还让人感觉到苏合香是各种香合在一起的混合物，因此让那时我国的人们对这种香产生了误解。

现在我国所用的药用苏合香是在金缕梅科植物中提取的一种半流动性的浓稠液体，为棕黄色或暗棕色，半透明，质粘稠（《中国药典 2020》）。其气味非常的芳香，所以真的苏合香常被用在古时的合香方中。

另外，市面上还有一种固体苏合香需要说明一下，近代学者罕柏理（Daniel Hanburg）经研究认为：固体苏合香最初是以齐墩果科（Styrax officinale Linn.）树脂制成，既罕见又昂贵，所以后来就被产于叙利亚、小亚细亚东南部、赛普拉斯及克里特各地的流质苏合香所代替了。实际上，我国目前市面上所用固体苏合香与以上说到的齐墩果科物种植物并没有关联，为误用的药物，据罗国海等著《天然药物学》（第 2 版）一书分析："国际市场有两种商品规格，一种为天然苏合香，灰色至棕灰色的粘稠半流体，具浓郁的香气；另一种为精制苏合，棕黄色至暗棕色半透明状半流体，具土噜脂样的愉快香气，国内习用的苏合香为灰棕色至深棕色、不透明、极黏稠的半固体块，内有蜡样颗粒性物质。具臭气，贮于水中，加热则软化，香脂酸含量极低，此乃误用，自 1997 年不再进口此品，改进精制苏合香。"所以购买者在选购时需多加注意。

## （伍）龙脑香

在我国药典中目前共收录了三个品种的龙脑香，即天然冰片（右旋龙脑）、艾片（左旋龙脑）及冰片（合成龙脑）（《中国药典2020》）。

天然冰片为樟科植物樟（Cinnamomum cam phora (L.) Presl）的新鲜枝叶经提取加工制成；艾片为菊科植物艾纳香（Blumea balsamifera (L.)DC）的新鲜叶经提取加工制成的结晶；而合成龙脑（Borneolum Syntheticum）则为人工合成龙脑香，与以上两种天然龙脑的药用功能是一致的，都是"开窍醒神、清热止痛"，都可用于治疗"热病神昏、惊厥，中风痰厥、气郁暴厥、中恶昏迷、目赤、口疮、咽喉肿痛、耳道流脓"等症。

除了以上这三种龙脑香以外，实际上还有一种产生于真正的龙脑香树上的香料，即龙脑香科龙脑香属大乔木羯布罗香（Dipterocarpus turbinatus Gaertn）的树脂。《西域记》中曾记载道："（羯布罗香）其树松身，异叶，花果亦别，初采既湿，尚未有香，木干之后，循理而折之，其中有香，木干之后，色如冰雪，亦龙脑香。"这种羯布罗香的主要产区分布在我国云南的西部和南部、西藏东南部，以及印度、巴基斯坦、缅甸、泰国、柬埔寨等地。这

龙脑香原材。 ▶

种香的药用价值也是"开窍醒神、清热止痛"。

　　我国最早出现"龙脑香"这个名称的记载，应是在敦煌发现的粟特文古信札中，据学者考证，出现于Ⅵ号信中的商品 Kprwh，就是龙脑香。[⑪]而在史书中最早提到这个香名的则是《隋书·南蛮传》，其中记载了赤土国国王曾向隋炀帝进献过此香："（王）寻遣那邪迦随骏贡方物，并献金芙蓉冠、龙脑香，"其中赤土国在今马来半岛的南部地区。毕波认为古信札中的粟特语"Kprwh"，就是来源于马来语。汉学家谢弗认为古文献中的"婆律膏"（即龙脑香的一种，为油质液体）[⑫]就是来自马来亚的商业行话"Kapur Baros( 即婆律樟脑，原名婆罗洲樟脑 )"[⑬]，而这种香显然不是羯布罗香品种，产区是不一致的。从谢弗的推断中可以看出，最早被我国开始使用的"龙脑香"这个名字所代表的香料是产于马来半岛的樟科植物的树脂，即前文提到的右旋龙脑。

⑪《粟特人与晋唐时期陆上丝绸之路香药贸易》，毕波，《台湾东亚文明研究学刊》，2013年第二期，第304页。
⑫《本草拾遗》中记载："出波律国，与龙脑同，树之清脂也，除恶气杀虫痖，见龙脑香即波律膏也。"
⑬《唐代的外来文明》，（美）爱德华·谢弗著，吴玉贵译，陕西师范大学出版社，2015年，第221页。

而左旋龙脑艾纳香在东汉时期就已进口到我国，《乐府·古辞》中曾有这样的词句："行胡从何方，列国持何来。氍毹毾㲪五木香，迷迭艾纳及都梁。"这其中的"艾纳"就是指艾纳香，是一种从常绿小灌木中提取的香料，在医学上称为"艾片"，这应是最早进入我国的龙脑香品种了。

# 六、根茎类香料

## （壹）青木香

青木香，梵文名称为"kustha"，从我国各个时期的记载来看，这个名称所代表的香料显然不是一种。据考证，它主要指的是"马兜铃属（Aristolochia L.）或姜属（costus）植物的根茎"。这些植物的根茎都可以产生一种挥发性的油脂，有异常浓郁的香味，所以在历史中是一种非常重要的根茎类香料。

我国最早出现此类名称应是在《神农本草经》中所收录的"木香"这一药物："味辛，主邪气，辟毒疫温鬼，强志，主淋露。久服，不梦寤魇寐。生山谷。"《名医别录》补充到："一名蜜香，生永昌。"汉代时，"永昌"是指今中国云南省西部、缅甸克钦邦东部、掸邦东部地区；农史学家缪启愉认为这里提到的"木香"应是"云木香"，它的学名为 Saussurea costus (Falc.) Lipech. ，是菊科风毛菊属多年生高大草本植物的干燥根部，有健脾和胃、调气解郁、止痛、安胎等功效。这种植物被认为原生在克什米尔地区，后来在我国的云南、广西、四川、贵州等地都有栽培。那么，所谓的"生永昌"，在那时应该是指由永昌人贸易而来；另外，还有一种可能是指"南木香"，这种木香为马兜铃科植物云

南马兜铃的根部，学名为 Aristolochia yunnanensis Franch.，主产于云南地区，药用价值为"温中理气、止痛消食、舒筋活络"，可以治疗"胃炎、腹胀、腹痛、风湿骨痛"等症。因为这些木香都具有特异的香气，所以也被称为"蜜香"。只是"蜜香"这个名字后来也代表过沉香，所以记载中还是多见"青木香"或"木香"之名。

《本草经集注》中也记载这种香料："生永昌山谷，此即青木香也。永昌不复贡，今皆从外国舶上来，乃云大秦国。以疗毒肿，消恶气，有验。今皆用合香，不入药用。惟制蛀虫丸用之，常能煮以沐浴，大佳尔。"可见在南北朝时，外来的香料多用于合香，暂时还不入药。另外也可见此时"青木香"的陆上贸易已断，只能从海上舶来了。也就是说，这时原本从印度一线进口的青木香被从大秦国（古罗马帝国）

进口的青木香所取代。那么这时的这种木香就极有可能是菊科植物土木香(Asteraceae Inula helenium L.)的干燥根部了，因为毕竟在那时，这个品种的植物曾经广泛地分布于欧洲的大部分地区。而这种"土木香"的药用价值则与前边讲到的"云木香"相同，都有"健脾和胃、行气止痛、安胎"之用。

事实上，青木香在印度从很早的时代就被用作滋补剂和壮阳剂了；在我国，青木香是道教中最为常用的香料之一，道教徒尤其喜欢用青木香沐浴，《太丹隐书洞真玄经》里有记："五香沐浴者，青木香也。青木华叶五节，五五相结，故辟恶气，检魂魄。制鬼烟，致灵迹。以其有五五之节，所以为益于人耶。此香多生沧浪之冬，故东方之神人，名之为清水之香焉。"

# （贰）香附子

香附子，也名"雀头香""莎草根""狄提香"，为莎草科植物莎草（Cyperus rotundus L.）的干燥根茎。秋季采挖，燎去毛须，置沸水中略煮或蒸透后晒干，或燎后直接晒干（《中国药典2020》）。香附可以疏肝解郁，理气宽中，调经止痛，气味辛香，微苦。

我国最早记载香附子的医书应是成书于汉代末期的《名医别录》，有"莎草根"一条："味甘，微寒，无毒。主除胸中热，充皮毛。久服利人，益气，长须眉。一名薃，一名侯莎，其实名缇。生田野，二月、八月采。"东汉张衡有诗《同声歌》写到此香："洒扫清枕席，鞮芬以狄香。"吴兆宜注释到："狄香，外国之香，以香薰屦也。""鞮"与狄提香中的"提"一样，都是这种香的名字，香附的果实即"缇"，都是音译的汉字写法。据史学博士温翠芳考证，从三国到南朝时期，这种香都要依靠进口，直到唐代，其中品质最好的仍然是经过交州进口而来的，如《新修本草》中记载的"交州者最盛"，那时交州便是从印度进口此香的集散地。

▲ 香附子原材

香附作为优质的香料，一直被权贵们所喜爱，曹丕便是其中之一，史料记载，曹丕在其父曹操刚去世没多久，就忙于向孙权索要雀头香，即香附子，《资治通鉴·魏纪》中曾记载到："帝（魏文帝曹丕）遣使求雀头香、大贝、明珠、象牙、犀角、玳瑁、孔雀、翡翠、斗鸭、长鸣鸡于吴。"将雀头香列于众珍玩之首，可见在那时这种香料是非常稀有且昂贵的。

## （叁）郁　金

郁金，在我国历史上曾代表过好几种物质，其中作为进口药物及染料的"郁金"，是姜科植物温郁金（Curcuma rcenyujin Y，H．ChenetC.Ling）的干燥块根部分，这是一种可以分泌大量色素且有微弱香气的根茎类药物。

姜黄原材(一种"郁金")。▶

我国也有本土出产的郁金:即姜科植物姜黄(Curcuma longa L.),也名"黄丝郁金",和广西莪术(Curcuma kwangsiensis S.G.Lee et C.F.Liang),这两者的干燥块根都是中药"郁金"的主要植物来源。

而在历史上作为香料使用的"郁金",则是出产于印度及印度尼西亚等地区的蓬莪术(Curcuma phaeocaulis Val.),它的干燥块根香气特异,一直是一种非常知名的高级香料。

另外,我国历史上还有另一种进口香料名为"郁金香",在早期它指的并不是我们现在所熟知的郁金香鲜花,而是指产于印度、越南、伊朗等地的"番红花",也就是我们现在常见的中药"西红花"。这一点,我在后文"郁金香(番红花)"一项会详细讲解。在这里只是指出"郁金"一名的多用，如美国汉学家谢弗所说："总而言之，在贸易中和实际应用时，郁金与郁金香往往混淆不清，当有关文献中强调其香味时，我们就可以推知：这不是指郁金香就是指蓬莪术，反之，就是指郁金。"[1]

从汉代开始就有很多人写《郁金赋》或《郁金香赋》，朱穆所写"布绿叶而挺心，吐芳荣而发曜"，从这句诗中很轻易地便可以看出是在描写一种美艳的花朵，那便是"番红花"了。而唐诗《长安古意》中所写"双燕双飞绕画梁，罗帷翠被郁金香"，这里的郁金可能就是作为熏衣料的"蓬莪术"或是染布料的"姜黄"。再如《本草纲目》中说道："郁金入心，专治血分之病；姜黄入脾，兼治血中之气；蓬莪赡入肝，治气中之血，稍为不同。"此处的"郁金"应该就是指姜科植物温郁金了。

① 《唐代的外来文明》，（美）爱德华·谢弗著，吴玉贵译，陕西师范大学出版社，2005年，第242页。

▲ 莪术原材（一种"郁金"）

# 七、草叶类香料

## （壹）迷迭香

迷迭香，为双子叶植物纲唇形科迷迭香属(Rosmarinus officinalis) 植物灌木，性喜温暖气候，原产欧洲地区和非洲北部地中海沿岸，茎、叶、花都可以提取芳香油。迷迭香具有镇静安神、醒脑等作用，对消化不良和胃痛均有一定疗效。

早在我国东汉时期，迷迭香便从西域远道而来，汉代古辞《乐府》诗云："行胡从何方，列国持何来。氍毹毹毾氈五木香，迷迭艾纳及都梁"，行胡是外国的行商，从列国带来的商品中便有迷迭香。

迷迭香原生植物 ▶

曹魏时期的曹家兄弟都十分喜爱迷迭香，魏文帝曹丕所做《迷迭赋》写道："余种迷迭于中庭，嘉其杨条吐香，馥有令芳，乃为之赋曰：……薄西夷之秽俗兮，越万里而来征。岂众卉之足方兮，信希世而特生。"曹丕将迷迭香种在中庭里，闻着它发出的香气，感叹它不远万里的到来；曹植所写的《迷迭香赋》曰："播西都之丽草兮，应青春而凝晖。……去枝叶而特御兮，入绡縠之雾裳。附玉体以行止兮，顺微风而舒光。"从"入绡縠之雾裳"一句便可以看出，那时的贵族们都用迷迭香来薰衣，就如同我们现在会将迷迭香精油当作香水一般涂在身上，或添加在日化产品中，享受香气的同时也使用到了它的药用价值，这真是超越千年而不变的芬芳，现在的我们亦能感受到我国先民所喜爱的香气，也不失为一种文化的传承；而为什么我们都喜欢这种香气呢？文学家应场的《迷迭赋》写道："舒芳香之酷烈，乘清风以徘徊。"可见它的香气是多么的浓烈，只是种在中庭里，便可乘风而来，徘徊不去；而它又是从哪儿不远万里而来呢？曹植说"丽昆仑之芝英"，文学家王粲说"产昆仑之极幽"，可见在那时，这种香料来自于"昆仑"，《尚书·禹贡》中记载："织皮，崑崙、析支、渠搜，西戎即叙。"孔颖达疏引郑玄曰："衣皮之民，居此昆仑、析支、渠搜三山之野者，皆西戎也。"也就说，在那时迷迭香也应该是通过西戎① 陆上贸易来到我国的。

▲ 干燥迷迭香原材。

① 西戎，又称犬戎，是上古时期在今陕西、甘肃、宁夏等西北地区的一个以犬为图腾的非华夏部落，在早期东西方贸易中充当过中间商的角色。

干燥藿香。▶

# （贰）藿香

藿香，梵文名为兜娄婆香，这个名字来源于《楞严经》，经中说道："坛前以兜娄婆香煎水洗浴，"这一习惯大概与道教用青木香沐浴是相同的，佛教徒则偏向于使用藿香来沐浴净身，甚至用来浴佛。据史学博士温翠芳考证，可能早于汉代，藿香便已进口到我国，即古辞《乐府》中的"五木香"是指檀香、沉香、鸡舌香、藿香及薰陆香[②]，由此可见在那时，藿香也是一种进口香料。

从汉唐文献中来看，藿香应是一种需要插枝才能繁殖的植物，《通典》中有这样的记载："顿逊国……出藿香，插枝便生，叶如都梁，以裹衣，"[③]"顿逊国"在今缅甸丹那沙林附近，而此地所产的藿香插枝便生，叶子长得有如都梁。"都梁"即"泽兰"，也是佛教常用的一种香料，唐代《诸经要集》卷八中就有记载：四月八日浴佛时，当取三种香：一都梁香，二藿香，三艾香，合三种草香挼而渍之，此则青色水，而这种"青色水"就是浴佛的圣水。这其中的"都梁香"为唇形科植物，与之叶子相似的藿香，应就是"广藿香"了。其实，印度原生也有一种唇形科藿香，名为印度藿香（Pogostemon heyneanun），而这种藿香在马来半岛也很常见，汉学家谢弗认为这种藿香很有可能是从马来半岛传到南印度地区的。[④]

广藿香，为唇形科植物广藿香（Pogostemon cablin(

② 《中古中国外来香药研究》，温翠芳著，北京，科学出版社，2016年，第40-42页。
③ 《通典》卷188，《边防四·南蛮下》，杜佑，北京，中华书局，1988年，第5095页。
④ 《唐代的外来文明》，（美）爱德华·谢弗著，吴玉贵译，陕西师范大学出版社，2005年，第381页，注释190。

Blanco) Benth.）的干燥地上部分。枝叶茂盛时采割，日晒夜闷，反复至干（《中国药典2020》）。广藿香是草本类的全草香，从其茎叶均可以提取芳香油。这种香油中含有广藿香醇及广藿香酮，具有抗炎、抗过敏、提高免疫、抗菌、镇痛、抗痉挛、抗氧化、止吐的功效，且没有不良反应，所以现在普遍用在中药里，是"芳香化浊、和中止呕、发表解暑"的重要天然植物药。

这种藿香曾经也是在马来半岛广泛种植的一种常见的芳香植物，最早我国有载应是东汉杨孚所撰《异物志》："藿香，交趾有之，""交趾"为今越南北部红河流域一带。另据西晋嵇含所著《南方草木状》记载："（藿香）出交、九真、武平、兴古诸地，吏民自种之，榛生，五六月采，晒干乃芳香。"看来在我国汉唐时期，藿香是一种从南海诸国进口而来的香料，在那时，这种香料是用来裹在衣服里作为"裹衣香"使用的。不仅《通典》说"以裹衣"，三国孙吴人万震所著《南州异物志》也说道："藿香生曲逊国，属扶风，香形如都梁，可以着衣服中。"可见藿香应是一种非常芳香的植物，我国药典中也用"气香特异"来形容此物。

事实上我国本土也有一种原生藿香，名为土藿香（Agastache rugosus (Fisch.etMey) O.Ktze.），是唇形科荆芥属植物。这种藿香无须插枝，只要播种就可以生长，当年播种，当年就可以收获，我国宋代之后可能使用的大多都是这种藿香了。苏颂曾记录："藿香，岭南多有之，人家亦多种，二月生苗，茎梗甚密，作丛，叶似桑而小薄，六月、七月采之，须黄色乃可收。"

新鲜的藿香叶可以提炼▶
芳香类油脂，图中叶子
便是我国产"土藿香"
叶片了。

# 八、花及花蕾类香料

## （壹）鸡舌香

鸡舌香，即"丁香"，是桃金娘科蒲桃属（Syzygiu－maromaticum）的热带植物，原产于印度尼西亚的群岛上。丁香是芳香健胃剂，可缓解腹部气胀，增加胃液分泌，增强消化能力，减轻恶心呕吐等病症，水煎剂对葡萄球菌、链球菌、大肠杆菌、伤寒杆菌、绿脓杆菌等都有抑制作用。

丁香本身是两性花，人们说的公丁香和母丁香，在植物学中的解释为：公丁香，是指没有开花的丁香花蕾，晒干后所制成的香料；母丁香，是指丁香的成熟果实，在晒干后制成的香料。在药用价值上的区别，南北朝成书的《雷公炮炙论》有载："凡使（丁香），有雌雄，雄颗小，雌颗大，似枣核。方中多使雌，力大，膏煎中用雄。"但在现代医学中就基本没有公母之分了，因为两者的有效成分基本一致。实际上在香料中也并不需要区分，两者的香气也基本一致。

"丁香"一词在我国原指本土生长的一种紫色的小花，名为"紫丁香"，李商隐诗《代赠》中提到的丁香便是指紫丁香："楼上黄昏欲望休，玉梯横绝月如钩。芭蕉不展丁香结，同向春风各自愁。"而在那时，香料"丁香"的名字则为"鸡舌香"，这是由于它的外形有如鸡舌，包括后来改叫丁香或丁子香，也是由于其外形酷似钉子，所以得名。

鸡舌香早在我国汉代就是一味非常重要的香料。《汉官仪》中有记："郎握兰含香，趋走丹墀奏事。"其中所含之香便是鸡舌香。又说："尚书郎奏事于明光殿，省中皆胡粉涂壁，其边以丹漆地，故曰丹墀。尚书郎含鸡舌香，伏其下奏事，黄门侍郎对揖跪受。"可见"口含鸡舌"是汉代的一种重要的官仪礼节。

鸡舌香（丁香）原材，左为母丁香，右为公丁香，公丁香形似鸡舌或钉子。

①《中国伊朗编》，（美）劳费尔著，林筠因译，北京，商务印书馆，2016年，第158页，"当'郁金'指中国的一个植物或产品时，它就是一种姜黄属植物（Curcuma），但是当它指印度、越南、伊朗等地的产品时，大半是番红花属植物（Crocus），外国的'郁金香'差不多必定是指番红花属植物。"

## （贰）郁金香

郁金香，在我国最早是指从西域进口而来的"番红花"①，是鸢尾科番红花属（Crocus sativus L.）的多年生花卉，其花朵中的干燥红色柱头就是我们现常用的药物"西红花"。西红花有很好的"活血化瘀、凉血解毒、解

郁金（番红花）花朵
及药用红色柱头。

郁安神"的功效，这是一种非常名贵的香料：据称量计算，每0.45公斤的"西红花"要采自于75000朵花中，不计每公斤制成品所需要的种植面积，只看人工已是非常昂贵了。所以在历史中的很长一段时间里，这种香料贵于同等重量的黄金。

我国最早记录此物的文献应是东汉朱穆所作《郁金赋》："岁朱明之首月兮，步南园以回眺。览草木之纷葩兮，美斯华之英妙。布绿叶而挺心，吐芳荣而发曜。众华烂以俱发，郁金邈其无双。比光荣于秋菊，齐英茂乎春松。远而望之，粲若罗星出云垂。近而观之，晔若丹桂曜湘涯。赫乎扈扈，萋兮猗猗。清风逍遥，芳越景移。上灼朝日，下映兰池。睹兹荣之瑰异，副欢情之所望。折英华以饰首，曜静女之仪光。瞻百草之青青，羌朝荣而夕零。美郁金之纯伟，独弥日而久停。晨露未晞，微风肃清。增妙容之美丽，发朱颜之荧荧。作椒房之珍玩，超众葩之独灵。"可见东汉时期皇宫中已经开始种植这种美丽的花卉了，并且被当作配饰戴在女人们的身上，还成为了贵族妇人们的椒房珍玩。

这种花在朱穆看来，容姿比秋菊、青松还要美妙，可见在那时这定是一种罕见且花姿绝美的进口花卉，说其"挺心""吐芳"，正是西红花的姿态。王邦维先生所著《南海寄归内法传校注》中也说道：郁金香即藏红花，学名Crocus sativus。这个说法得到学界共识，正如《南州异物志》中所记载的："郁金出罽宾国，人种之，先以供佛，数日萎，然后取之，色正黄，与芙蓉花裹嫩莲相似，可以香酒。"这便足以可见"番红花"的特点了。

另有一点值得一提，"番红花"在我国还有一个名称，为"藏红花"，但实际上我国从未引种过这种植物。美国汉学家劳费尔也说过："红花不是在西藏种植的……。这名字只意味着红花是由西藏运到中国内地，主要运到北京（京城）②；但西藏并不出产红花，只是从喀什米尔输入到那里而已。"这个观点在《本草纲目拾遗》里也有提及："（藏红花）出西藏，形如菊。干之可治诸痞。试验之法：将一朵入滚水内，色如血，又入色亦然，可冲四次者真。"此处只说"出西藏"，而非"产西藏"，这说明此物是从西藏而来，并不详其产地。

其实，我国还有一种从印度引种而来的"红花"，即

② 原书翻译为"北京"，但是藏红花之名有载应是清代，翻译成"京城"或许更为准确。

菊科植物红花（Carthamus tinctorius L.），其干燥的花朵部分就是它入药使用的部分，我们现在常称其为"红花草"，也有"活血通经，散瘀止痛"等功效。

## （叁）蔷薇水与茉莉香油

蔷薇，是蔷薇属（Rosa）部分植物的通称，蔷薇属约有 150 个原种和数千个品种，原产于整个北半球的各种生存环境中，除少数品种外，多数栽培种类都耐寒。《中国植物志》蔷薇属中，以玫瑰为名者仅有一种，为桂味组（Sect. Cinnamomeae）宿萼大叶系（Ser. Cinnamomeae）之下的玫瑰（学名：Rosa rugosa）；以月季为名者有三种，为月季组 Sect. Chinenses 下的月季花（Rosa chinensis Jacq.）、亮叶月季（Rosa lucidissimaLevl.）及香水月季（Rosa odorata），其余物种多以蔷薇为名。

蔷薇属植物大多都有很浓烈的香气，并且花枝美艳，因此在很早时就被我国先民用来当作观赏植物而大加赞美。《诗经·周南》中便有"何彼襛矣？唐棣之华"的诗句，《小雅·常棣》中也有："常棣之华，鄂不韡韡？凡今之人，莫如兄弟。"诗中"常（唐）棣"便是蔷薇属中的一个品种。至唐代，蔷薇已成为一种广泛栽培的观赏花卉，唐《平泉草木记》载："己未岁得会稽之百叶蔷薇，又得稽山之重台蔷薇。"

我国栽培蔷薇的历史虽然非常久远，但是本篇中要讲的"蔷薇水"却来自域外，其中最早的记载出现在《册府元龟》中，其中记载了五代后周世宗显德五年（958年）九月占城国朝贡的事情："占城国王释利因德漫遣其臣萧诃散等来贡方物。中有洒以蔷薇水一十五琉璃瓶，言出自西域，凡鲜华之衣以此水洒之，则不黦，而复郁烈之香连岁不歇。"这条记载中说到的这种装在琉璃瓶中的蔷薇水便来自西域，早在唐代时就已经进入我国，五代宋人陶谷所作《清异录》中便写道："后唐龙辉殿，安假山水一铺，沉香为山阜，蔷薇水、苏合油为江池，零藿、丁香为树林，薰陆为城郭，黄紫檀为屋宇，白檀为人物，方围一丈三尺，城门小牌曰'灵芳国'。或云平蜀得之者。"此外，后唐冯贽所撰《云仙杂记》引《好事集》中"大雅之文"一条也写道："柳宗元得韩愈所寄诗，先以蔷薇露盥手，薰玉蕤香，后发读。曰：'大雅之文，正当如是。'"蔷薇水，即蔷薇香水，或作蔷薇花水，是蔷薇花瓣蒸馏液的水溶胶（或花精露）部分。早期制造蔷薇水是把花瓣放入密封的琉璃瓶中，置于阳光处，一个多月后便可得到几滴，最初应是波斯人发现的这种制法。因为蔷薇水非常难得，所以造价也很高，因此外来使节进贡这种"香水"的事情，便会显得格外隆重，就如河南巩义的北宋皇陵中，就有一位使者手中捧着那种装有蔷薇水的琉璃瓶前来朝贡，可见宋代皇帝对此物的喜爱和重视。而如今，现代的日化行业对蔷薇属花类精油的需求量巨大，如玫瑰精油等，其中蔷薇水只是作为精油的主要副产品而产生的，因此产量扩大了很多，这便使以往昂贵的蔷薇水价格也大幅度下降了。

另有一物与蔷薇水十分相似，便是茉莉香油，也是唐宋时期人们十分喜爱的外来加工香料，如唐代段成式著《酉阳杂俎》中写道："野悉蜜，出拂林国，亦出波斯国。苗长七八尺，叶似梅叶，四时敷荣。其花五出，白色，不结子。花若开时，遍野皆香，与岭南詹糖相类。西域人常采其花，压以为油，甚香滑。"此说便是茉莉，后《香乘》在"野悉蜜香"词条中还补充道："唐人以此合香，仿佛蔷薇水云。"在那时，我国已知有两种茉莉，《唐代的外来文明》中说道："一种是以波斯名'yasaman'（耶塞漫）知名，而另一种则是来源于天竺名'mallika'（茉莉）。"就如唐代段公路著《北户录》中记载："香油贵者有二：一名耶塞漫，一名没国师。"另外，段公路还写道，这种花最早是在梁武帝时期引种到我国的："（白茉莉花）本出外国，大同二年，始来中土。"

▼ 宋仁宗永昭陵前客使像，手持蔷薇水琉璃瓶。

▼ 北宋，磨花玻璃瓶。1969年河北定州静志寺塔基地宫出土。定州市博物馆藏。

# 九、其他类香料

## 甲　香

　　甲香，为蝾螺科（Turbinidae）动物蝾螺或其近缘动物的掩厣，经炮制之后，便可以入药了，也可作为香料在合香中使用。甲香入药可以治疗脘腹痛、痢疾、淋病、痔瘘、疥癣等症。南朝宋时成书的《雷公炮炙论》便记载了可入药甲香的炮制方法："凡使（甲香）须用生茅香、皂角二味煮半日，却漉出，于石臼中捣，用马尾筛筛过用之。"宋代《陈氏香谱》中则记载了修制香料甲香的方法："取一二两以来，用炭汁一碗煮尽后，用泥煮，方同好酒一盏煮尽，入蜜半匙，炉如黄色，黄泥水煮，令透明，逐片净

蝾螺（甲香的原生物种）。▶

洗焙干，灰炭煮两日，净洗，以蜜汤煮干。甲香以泔浸二宿后，煮煎至赤珠频沸，令尽泔清为度，入好酒一盏，同煮良久，取出，用火炮色赤，更以好酒一盏，取出候干，刷去泥，更入浆一碗，煮干为度，入好酒一盏，煮干，于银器内炒，令黄色。甲香以灰煮去膜，好酒煮干。甲香磨去龃龉，以胡麻膏熬之，色正黄，则用蜜汤洗净。入香宜少用。"可见，若用甲香入合香，其修制之法非常烦琐，需要用好酒反复焙制，因此在古代中国，此香也颇为名贵，就如西晋富豪石崇将甲煎粉用在自家厕所，以此来显示自己的巨富。

实际上，甲香早在东汉时期就已被使用，如东汉议郎杨孚所著《交州异物志》中写道："假猪螺，日南有之，厌为甲香。"其中"厌"即是"厣"，原意是蟹类腹部下面的薄盖，可见甲香便是蝾螺科海螺腹部下面的薄盖，为圆形的片状物，一般直径可到1—4厘米，厚0.2—1厘米。汉代已有专以采甲香为职业的人了，如《郡国志》中记载："合浦海曲出珠，号曰珠池，又有夷人号越它邑，多采甲香为业。"

甲香一出现便是用来合香的，这是因为其为动物香单独点燃时会出现腥臭味。最早的香方恐怕就是石崇厕所所用的"甲煎粉"了，当时并未记载此粉如何合制，我们只能在后世的集著中来寻找，如唐代综合性医书《外台秘要方》中所引用的六则"甲煎方"。我们以唐代孙思邈的《千金翼方》为例做以说明，香方如下："甲香三两，沉香六两，丁香、藿香各四两，薰陆香、枫香膏、麝香各二两，大枣十枚，取肉。上八味，口父咀如豆片，又以蜜二合和搅，内瓷坩中，以绵裹口，将竹篾交络蔽之。又油六升，零陵香四两、甘松二两，

甲香原材。▶

绵裹，内油中，铜铛缓火煎四、五沸止，去滓，更内酒一升半，并内煎坩中，亦以竹篾蔽之，然后剜地为坑，置坩于上，使出半腹，乃将前小香坩合此口上，以湿纸缠两口，仍以泥涂上，使厚一寸讫，灶下暖坩，火起从旦至暮，暖至四更止，明发待冷，看上坩香汁半流沥入下坩内成矣。"

由此可见，此方颇为复杂，是用香方中的八味香料，捣烂成豆片大小，用炼蜜搅拌，然后放在一个陶罐里，用棉布封裹住罐口，再将竹篾交错放在上面。另取六升油，将四两零陵香和二两甘松用棉布裹起来，浸在油中，放入铜锅里慢火煎上四五沸，然后去渣，再倒入一升半的酒，一同放入一个大些的陶罐中，也用竹篾交错放在上边，作为篦子来使用。然后在地上挖一个坑，将大罐放在其中，露出一半罐身在地上，再将之前的小罐子口对口地放在大罐子上，然后用浸湿的棉纸裹在两个罐口周围，再用泥涂在两个罐子上，涂一寸厚便可，然后在灶下暖罐，从第一天白天开始，到第二天清晨四更天的时候便可撤掉火，等到冷却下来后，上面小罐中的香汁有一半流到了下边的大陶罐里，香便制成了。

香器篇

# 一、香 炉

"熏香"一事，在中国早已有之，距今 5300—4300 年的新石器时代良渚文化就曾出土过两件陶制熏炉，炉腹深大，炉身饰玄纹，圈足，有盖，盖上有六组小孔，造型似乘物的罐子，应是将香草点燃后放入其中取烟之用，这就是"熏"这个字的意义，在《说文》中意为"火烟上出也"。

西周时期有一个特殊的官职，职务是用莽草来熏杀蛀虫，"翦氏掌除蠹物，以攻、禜攻之，以莽草熏之。凡庶蛊之事，"这是说用"攻"和"禜"这两种祭祀方法，燃莽草，将蛀虫驱除，这件公务需有专人来负责，即翦氏。可见在西周时期，熏务已十分常见，熏炉也大多都与这些事务相关。

到战国时期，由于青铜制造工艺技术的发达，熏炉的制作也十分精美，充满神性，如 1997 年在陕西凤翔雍城遗址出土的战国凤鸟衔环铜熏炉，通高 35.5 厘米，炉顶饰有一只凤鸟，其下为球形的炉身，炉身内外两层，外层为镂空蟠螭纹外罩，炉身下方是空心八角形立柱和覆斗形底座，底座纹饰镂空，有虎和人物等形象。这件铜熏炉造型奇特，在当时的同类器物中堪称杰作。另外，此期还有一种比较特殊的熏香器，为镂空杯型器，曾侯乙墓、荆门包山 2 号墓及江陵望山 1 号墓各出土一件，造型如茶杯，不像是广义上的熏炉，但《曾侯乙墓》一书中分析其所出

▼ 良渚文化竹节纹带盖陶熏炉，1983 年出土于上海青浦福泉山高台墓地 74 号墓。

▼ 战国时期，陕西凤翔雍城遗址出土，凤鸟衔环铜熏炉。

汉代鎏金银竹节熏炉(局部)。1981年出土于陕西兴平茂陵。陕西历史博物馆藏。炉盖铭文为"内者未央尚卧金黄涂竹节熏炉一具并重十斤十二两四年内官造五年十月输第初三"。

晋代青铜香炉。郑州东方翰典博物馆藏。出土时内有疑似沉香的木质香料。

土的此类器物为"从器内残留有烟灰看,有可能是燃熏香草的器具,故暂名熏"。从这些精美绝伦的器物上,足以看出熏香在战国时期是被贵族阶层所崇尚的一项活动,此所谓"有飶其香,邦家之光。有椒其馨,胡考之宁"。

汉代贵族生活中的熏香之事显然已经非常普遍,各地汉墓所出土的香薰器也不胜枚举,博山炉无疑是汉代最具代表性的熏香器物,西汉刘向所写《博山炉铭》:"嘉此正气,嶜岩若山。上贯太华,承以铜盘。中有兰绮,朱火青烟。"东汉文史学家李尤所作《熏炉铭》也说此物:"上似蓬莱,吐气委蛇。芳烟布绕,遥冲紫微。"都说明了博山炉之美,为汉人所喜爱。陕西历史博物馆珍藏了一件国宝级的博山炉,即1981年在陕西兴平茂陵的一座陪葬墓中出土的鎏金银铜竹节熏炉,从炉盖外侧铭文可知,此炉是西汉皇家未央宫的生活用具。据考证,这件精美的博山炉是汉武帝在建元五年(前136年)赏赐给姐姐长信公主的礼物。此件器物的珍贵之处除了美轮美奂的制作工艺外,其明确的身份来历,对于文物考古来说具有非常高的历史价值。

魏晋时期,由于陶瓷烧造业的发展,瓷质熏炉大量生产,逐渐成为主流商品。在造型上多为汉代博山炉的变体形式,如两晋时期越窑青瓷熏炉,一般上为球状多孔炉身,下为三足托盘。东晋的青釉博山炉,造型与汉代青铜博山炉基本一致。南北朝时期的青瓷莲花博山炉,炉身用莲瓣装饰,很有佛教特色。这些都是这一时期比较有代表性的熏炉造型。而值得注意的是，在西晋时期已经出现形制简约的奁式三足炉和鼎式三足炉，这说明在这个时期，用香方法可能已有所改变，不单以燃烧取烟为目的了。我们都知道，汉代以后我国开始使用外来香料，如乳香之类，这时香炉制式的改变也可能与所使用香料性质的改变有很大关系。

唐代香炉的制式就丰富了许多，最具有代表性的便是唐代金银香炉。因其金属加工业的发达，这些香炉往往做工极为精细，且造型华丽而端庄，如陕西历史博物馆藏的一件忍冬纹银制熏香炉就非常精美，此炉由三部分组成：上层为半圆形盖，盖面镂刻三层如意云纹，中间铆有一个仰莲瓣宝珠钮；中层镂有一周忍冬桃状纹饰；下层为圆盘

▼ 唐代，法门寺鎏金铜香炉。
陕西历史博物馆藏。

状炉身，炉盘内墨书"三层五金半"五个字，有五个兽蹄形足，其间设置五根链条，使熏炉既可以平放，也可以悬挂。另外，陕西宝鸡法门寺地宫所出土的同类熏香炉也是同样的精美绝伦，令人惊叹。不仅如此，地宫中还出土了熏香球、香宝子等多种熏香用具，可见此时熏香之事在贵族生活及宗教活动中非常普遍，而且用具极尽奢华。

唐代陶瓷香炉也值得一说。由于此时佛教文化的兴盛和烧香拜佛之事的流行，一种名为"行炉"的熏香用具流行开来，此种炉具多为黑白釉，炉型为杯式，但有外翻的宽大口沿，下有豆式底座，便于手握。这个炉型自唐代开始直到宋代都很流行，只是唐代行炉的炉身一般较矮胖，宋代

宋代，李公麟（传）《维摩演教图》（局部）。故宫博物院藏。画中人物一手持鹊尾香炉，一手持一块香木。

行炉的炉身就转为较高瘦，这可能与每个时代的审美情趣的不同有很大关系。这一点也可以从唐代流行的另一种炉型上看出，即瓷制三足束颈鼎式炉，这种香炉在很多地区都有出土，釉色种类也较多，如白釉、黑釉、三彩等，为唐代常用熏香具。

此外，唐代还有一种香炉也是非常独特且极具代表性的，即带柄型行炉。这种香炉在魏晋时期多称为"鹊尾炉"，为佛教法会中僧侣手持行香之用，在很多唐代画作及壁画中都有体现。这种炉型起源甚古，在印度犍陀罗雕刻中便已出现。

▼ 宋代越窑瓷香炉（行炉），高 22 厘米，炉膛径 20 厘米。郑州东方翰典博物馆藏。

宋代陶瓷业发达，再加上用香文化的市井化，使得陶瓷香炉变成一种日常生活用具，被大量生产并使用，这从宋代丰富的香炉类型上便可得知。

行炉：宋代行炉延承了唐代的制式，多为定窑、耀州窑、磁州窑烧制。

熏炉：炉盖为花饰镂空，与炉身一起组成盒型，体态比较圆润，有时有三足或圈足，多为湖田窑或景德镇其他窑口烧制。

鬲式炉、鼎式炉、簋式炉：为宋代龙泉窑所烧制常见器型，以鬲式炉为最，这些类型的香炉均是宋代仿古之作，是以青铜器器型为参考而再创作的实用类器物。这些类型的香炉在宋代其他窑口也均有烧制，如耀州窑、定窑、吉州窑、钧窑、景德镇青白瓷窑口、哥窑及官窑等。

奁式炉：这种炉型也来源于青铜器或早期漆器中的

▼ 宋代越窑瓷熏炉，高 1.5 厘米，炉膛径 10 厘米。郑州东方翰典博物馆藏。

元代钧窑辅首衔环双耳
三兽足香炉。现内蒙古
博物馆藏。1970 年出土
于内蒙古呼和浩特太平
庄乡白塔村。炉颈处铭
文有详细纪年。

元代当阳峪窑绞釉香炉。
郑州东方翰典博物馆藏。

"奁"，在西晋时期便已出现，原炉型体较大。到了宋代多变小，适于在案头使用，这便是《遵生八笺》中提到的"如茶杯式大者，终日可用"。此型香炉多烧制于龙泉窑。另外，吉州窑、定窑也为常见窑口。

在元代，"行炉"基本消失，其他炉型则延承宋式，保持基本造型不变，只作个别部位的微小调整，更加多元，也更加生活化。

钧窑在元代得到了进一步发展，在宋钧的基础上又发展出元钧独特的釉色。元钧一般以烧制民间日用瓷器为主，也有少量炉、壶、梅瓶等器具。近年在内蒙古地区发现的钧窑堆花双耳三足炉属于这个时期比较有代表性的炉具，个别炉身带纪年，实属少见。

元代龙泉窑青瓷也得到了大规模的发展，据发掘考证，元代龙泉青瓷窑址有六百处之多，规模空前巨大。促进其发展的原因之一为烧窑技术的改进，二则为元代迎来的大航海时期，使得国内国外运输水平大为提高，这时大量的中国瓷器代替丝绸出口到海外，从各海域打捞上来的元代古沉船便可略知一二。奁式炉、鼎式炉、鬲式炉、钵式炉等均为这个时期龙泉窑最为常见的香炉器型，与宋代同造型的器物比较，宋代清瘦雅致的风格有所变化，取而代之的是胎体较为厚重，器型也有所增大，看上去朴拙了很多。

另外，元代还有一种材质特殊的香炉值得一提，便是掐丝珐琅工艺香炉。在公元前 16 世纪，这个工艺的雏形诞生于地中海的塞浦路斯岛，在元代传入我国，直到明代景泰年间发展到了工艺巅峰，所以在我国也叫作"景泰蓝"。元代时这个工艺还不是非常成熟，所以传世之作较少，目前只有故宫博物院存有几件，其中掐丝珐琅缠枝莲纹鼎式炉和掐丝珐琅勾莲纹双耳三足炉均十分精美。

元代，佚名《老子授经图》（局部）。纸本水墨。故宫博物院藏。
画中炉几上置一只三足鼎式炉，炉中燃有香木，香烟浮动。

到了明代，不得不说的是问世于明宣德三年（1428年）的金属器"宣德炉"，明宣宗在这一年收到了泰国王朝贡来的数万斤风磨铜，便下旨将这些贡品制作成鼎彝，以改善太庙、郊坛及内廷所陈设的祭器。吕震等大臣便在《宣和博古图录》和《考古图》及明廷所收藏的宋代器物中挑选了一些符合规制及审美要求的器物造型，聘用高级工匠，制成了一万八千件鼎彝器物，其中还包括鼎、彝、鬲、簋等，只是后来传世的以香炉居多，所以只称为"宣德炉"。宣德炉如此身负盛名，还是与其工艺有很大关系，《宣德彝器图谱》中说道："宣庙圣谕，以十二炼为率，故宣炉之价与金玉同珍，非人间可得。"正因如此，后世仿造者居多，所以若想一睹真颜，只能从清宫旧藏中一探究竟了。

另外，明代景泰年间的掐丝珐琅香具，因制作难度大、成本高，在当时一直作为御前用品，只有少数作为贵重礼物赏赐给下臣，或送于外邦友人，因此此类香具多藏于宫廷，民间甚少有之。这个时期的掐丝珐琅香炉，除常规的熏炉、熏兽、鼎彝造型炉之外，还产生了长方形熏炉，为前世未有。这种香炉的产生主要是因为在这个时期产生了一种新型的

现代仿古洒金铜象足炉。▶

明代《仇珠女乐图》（局▶
部）。故宫博物院藏。
明代画作中的宣德炉具。

制香工艺，即线香，就是我们现在所常见的如竹签一般的
天然香料制成品，如沉、檀线香等。为了便于使用这种香品，
明代不仅出现了长方形卧香熏炉，另外还出现了一种熏香
具，即为熏香筒，一般会选用玉石或竹子来制作。如现故
宫博物院所藏明代竹雕荷花香筒便是传世珍品，值得欣赏。
到了清代，熏香筒除了材质更加多元化之外，使用线香的
用具还产生了香插盘，也非常可爱，便于使用。

# 二、香　盒

　　从出土文物来看，最迟在我国汉代，已经开始使用香盒。较早时期，汉代人一般会使用"奁"来存放香料，如马王堆汉墓中出土的五子漆奁，里边两个较大的小奁为专门放置香料的香奁；其中一个内绷绛色绢，绢上放了花椒，另一个放的是香草类植物。"奁"原为女子收纳梳妆用品的镜箱，圆形，直壁，有盖，一般腹较深，下有三兽足，旁有兽御环。马王堆出土的为漆器奁盒，与之后的香盒更为接近。

　　而在 1983 年发掘的西汉南越王墓中出土的一件口径 9.5 厘米的红漆盒子，便是真正意义上的香盒了，其出土时，

北魏时期，巩义石窟造像。飞天手持一只馒头型香盒。

里边还装有 26 克酷似红海地区所产树脂类进口香料"乳香"的物质。此墓同时还出土了一只银质花瓣纹扁球形盒子，内装十盒药丸。据考证，这件器物很有可能来自古代波斯帝国，而里边的药丸也很有可能来自阿拉伯地区，可见那时我国南方沿海地区与西方国家的"香药贸易"已经开始了。

到魏晋时期，香盒已经是一种比较普遍的宗教祭祀用具，与香炉配套使用，如龙门石窟北魏时期的弥勒洞北二洞中，洞顶浮雕中有一飞天，一手持炉，一手持盒，隐约可以看出其左手所端为莲花形博山炉，右手所持为一平面圆盒，即香盒。这样的组合在另一北魏皇室所开凿的石窟——河南巩义石窟中得到了证实。此窟为魏孝文帝创建寺院后，宣武帝开始凿石所建的洞窟。其中第一窟南壁东

北魏时期，巩义石窟造▶
像。图中两位侍者每人
各手持一只香盒，均在
为中间的莲花型香炉中
添香。

侧的礼佛图和第三窟南壁西侧的礼佛图中，均
有供养人或是僧人手持香盒为香炉中添加香料
的画面，看来在这个时候，香盒与香炉搭配已
经是一种常用制式了。

唐代金属工艺发达，造炉技术也精美绝伦，
此时与金银香炉一同出现的装香器具为"香宝
子"：一只莲花香炉与一对香宝子，常为佛前
供奉，如陕西法门寺地宫所出土的鎏金莲花纹
五足银香炉与在其旁边一起出土的一对鎏金人
物纹银香宝子，便是例证。这样的供奉形式在
地宫同时出土的佛舍利纯金宝函的一侧錾画中
也可看到，画中佛前摆放了一只供台，上置莲
花香炉一只，其两侧各一只香宝子，这也可从
现藏于史密森尼博物馆的敦煌绢画《水月观音
菩萨像》中看到。

另外，地宫还出土了几只银质盒子，其中
有两件素面银盒、两件鎏金带纹饰银盒，还有
一只体型最小、长度只有 5 厘米的海棠形银盒，
盒盖上模冲出了两只相对而飞的鸿雁，非常精
美。这类器物也应是存放香料药品的，如朱砂
或乳香之类，地宫中随真身衣物账还写到"香
合一具，香宝子二枚"。

唐代还有一类小盒子，里边都配有小香匙，

▲ 中唐（公元 766 年以后），榆林第 25
窟北壁《弥勒二会说法图》（局部）。
图中桌子上摆放着一只香炉和一对香
宝子。

▲ 唐代青铜香宝子。郑州翰典博物馆藏。

宋代,《第十五尊者图》局部。收录于《宋画全集》。宋代画作中的三足香炉与雕漆香盒。

为标准放置香料的器物，如陕西历史博物馆所藏一件银平脱双鹿纹椭方形漆盒，里边配有一只精致的铁质小勺，盖面饰银平脱雌雄奔鹿，盒四周为疏朗的银平脱花叶，小盒非常精美。又如天津沉香艺术博物馆所藏唐五代时期的一件越窑青釉香盒，盒内也配有一只可爱的香匙，可谓是此类器物中的精品了。

到了宋代，将香合（盒）作为贺礼，基本已成定制，如欧阳修所著《归田录》中记载："每岁乾元节醵钱饭僧进香，合以祝圣寿，谓之香钱，判院官常利其余以为餐钱。"《续资治通鉴长编》中记载皇太后的生日也有"进香合"的活动："前一月，百官就大相国寺建道场。罢日，赐会于锡庆院。禁刑及屠宰七日。前三日，命妇进香合，至日，诣内庭上寿。三京度僧道，比乾元节三分之一，而罢奏紫

衣、师号。"由此可见，王公贵族们在庆祝生日时赠送装
有名贵香料的香盒，是很重要的礼事，寓意为送"香钱"，
为宋人普遍认同的一种礼物形式，不仅盛行于贵族阶层，
官宦之家也常以此为礼，彼此互赠。可见，此事在宋代已
成为约定俗成的常事。宋早中期，此类香盒还是以金银材
质为主，如《武林旧事》第七卷中记载，宋高宗赐给史浩"冰
片脑子一金合"。后来宋代陶瓷工艺高速发展，宋代瓷制
香盒的存世量也颇为可观，以湖田窑、景德镇青白瓷窑系、
定窑等最为常见。

# 三、箸　瓶

瓶为收纳香箸与香匙的用具，宋代开始称之为"香壶"，《陈氏香谱》卷三写道："（香壶）或范金，或埏，为之用盛匕箸。""范金"是用模子浇筑金属器的一种工艺，埏为陶瓷工艺。也就是说，可以选用金属或是陶瓷材质的小瓶，用来盛放匙箸。

明代早期朱权在其《焚香七要》中将"瓶"与"匙箸"并为一项来说，可见这时的这三件工具已经是一个固定组合。而大约一百年后，屠隆又在《考槃余事》中将它们分开来看，将瓶定为"箸瓶"一项："吴中近制，短颈细孔者，插箸下重不仆。古铜者，亦佳。官、哥、定窑者，不宜日用。"是说可以选择古董铜器或当时制作的新铜器为瓶，前朝的官窑、哥窑、定窑箸瓶，不适合日常使用，我想这点应该是考虑到瓷器容易破损，所以不建议日常使用吧。各地考古工作中常会出土一种宋元时期的、高约十几公分、细颈大肚的瓷制小瓶，多是此类器物。明清时期更是常见，且形成了"炉瓶三事"的固定形式。

明代，唐寅《王蜀宫妓图》局部。▶
故宫博物院藏。画中箸瓶中盛放着食箸，为吃旁边的食物所准备的。香箸瓶也是此类器物，是收纳香箸之用的。

明代青瓷箸瓶，内有香
箸和香匙。

# 四、匙 箸

香匙与香箸是打理灰和炭的用具：香箸夹炭，香匙拢灰、押灰。从考古资料来看，不晚于唐代，我国已经开始使用这类器物，如法门寺地宫就出土了一件素面银香匙，匙面圆形，匙柄上圆下扁，柄端为宝珠状，全长18.5厘米。另外还有一对系链银火箸，为锤击成型，是用来夹炭使用的。这两件器物虽然都是素面无镶嵌工艺，但是造型简单雅致，非常值得一赏。

宋代《陈氏香谱》卷三写道："香匙，平灰置火，则必用圆者；分香抄末，则必用锐者。香箸，和香、取香，摄宜用箸。"所以后来很多香匙都会设计成一半边缘圆滑，一半边缘锐利，为适合多种用途而设计。后来这两件工具被合并成一套器物来使用，如明代朱权在《焚香七要》中列为"匙箸"一个条目："匙箸惟南都白铜制者适用，制佳。瓶用吴中近制，短颈细孔，插箸下重不仆者似得用耳。"

到了明清，"匙箸"便成了"香瓶三事"中的一员，也成为固定制式。

另外，有一点值得一提，在中国现存考古及文献资料中，未能考证到除以上所说的器具以外的闻香用具，而我们现代香席中所使用的"七件式"或"八件式"都来源于日本香道仪轨中的器物，我们现代香席也对其进行了借鉴。

南宋，李嵩《罗汉图》
局部。台北故宫博物院
藏，图中侍者左手持莲
花行炉，右手持香匙理
灰。

唐代素面银香匙。法门
寺地宫出土。

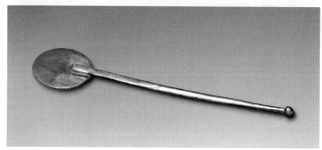

而在此处提出这个问题，主要是针对本书主旨"中国香"
一题，理清其中区别，对于文化的严谨态度还是有必要的。

清代，张庚《石斋品炉图轴》局部。画中小童手持香箸，在一只香炉中理灰，

# 五、炉瓶三事

　　虽然宋代《香谱》中写到"香炉、香盛（盒）、香壶（瓶）"，并有这三件为一组的出土实物，如郑州东方翰典博物馆所藏宋代"炉瓶盒三件器物"，但是这种所谓"炉瓶三事"的组合样式在画作中的出现却已晚到了元代，山西省博物馆珍藏的《祇园大会图卷》中首次出现了"炉瓶三事"的香具组合。此卷为元末明初在江浙地区居住的著名日本僧人发僧所绘，卷中清晰地绘制了一只双耳

宋代青瓷香盒，高 14 厘米，径 12 厘米。郑州东方翰典博物馆藏。

宋代青瓷香炉，高 18 厘米，炉膛径 11 厘米。

宋代青釉瓷香瓶，高 18 厘米，径 14 厘米。

鼎式炉、一只立筒式箸瓶，内插香箸与香匙，另还有一只舍利塔和一只小香盒。（见 127 页图）到了明代，"炉、瓶、盒"的制式便固定下来，作为家居陈设，开始频繁地出现于明代的画作之中。如明代尤求所绘《红拂图轴》画中右上角，便绘制了一组"炉瓶三事。"

而"炉瓶三事"这个特定名词的出现，则是到了清代。如《红楼梦》第五十三回中描写：宁国府除夕祭宗祠，荣国府元宵开夜宴。厅上有席，席旁设几，几上有炉瓶三事，焚香，小盆景，有布满青苔的宣石。"可见，此时三位一体的组合形式成为了固定搭配，就如那些存于故宫博物院的各式"三事"，不仅有玉、青金等宝石材质者，还有珐琅、剔红等精美工艺者，还有多种美轮美奂的瓷制套组者，可见这类器物在日常生活中的重要意义。康熙五十六年（1717 年），

明代，尤求《红拂图轴》（局部）。故宫博物院藏。画中右上角的方桌上放置了"炉瓶三事"和一支开片釉花瓶，内插灵芝。

《红楼梦影：旅顺博物馆藏孙温绘全本红楼梦》，上海古籍出版社，2019 年 5 月，第 114 页。

王原祁等人编纂的《万寿盛典初集》有这样的记载:"和硕康亲王进……金炉一座、金箸瓶一副、金香盒一个。"这便是纯金制的"炉瓶三事"了,足见皇帝对这类器物的喜爱。

香之唯用篇

# 一、细说中国香的用途

## （壹）治疗瘟疫

汉武帝时期用返魂香治疗瘟疫，如宋代纪实小说《太平广记·月支使者》中所记："汉延和三年春，武帝幸安定。西胡月支国王，遣使献香四两，大如雀卵，黑如桑葚。帝以香非中国所乏，以付外库。……至始元元年，京城大疫，死者太半。帝取月支神香烧之于城内，其死未三日者皆活。香气经三月不歇，帝信神香，乃秘录余香。"记载中月支国进献的名为"返魂香"的香药，一种解释可能为"安息香"，另一种解释为"没药"：唐代《新修本草》记载："安息香，主心腹恶气鬼痓。"据现代医学研究可见，安息香对一些种类的"枝孢菌"和"金黄色葡萄球菌"都有很好的抑制作用，而没药在历代医书中都记有"祛恶气"的功效。

现代医学研究证实："香薷草""薄荷""莪术""乳香""木香""沉香""檀香"等多种常用香料都具有很好的抗菌、抗炎等功效，直到现在仍被大量使用。

## （贰）香身沐浴

汉成帝第二任皇后赵飞燕使用香汤沐浴，如收录在北宋人刘斧的《青琐高议》中的《赵飞燕外传》中写道："赵后（赵飞燕）浴五蕴七香汤，踞通香沉水坐。"其中"五蕴七香汤"应是用多种香料调制的一种用来沐浴的香方，只是未有详细配方的记载，不过道家时常会提到用"五香沐浴"，可能存在一定的关联，有待考证，如《太丹隐书洞真玄经》中记载："五香沐浴者，青木香也。"

汉灵帝曾将"茵墀香"投在浴池中与众美人裸浴，东晋《拾遗记·后汉》中写道："灵帝初平三年，游于西园。起裸游馆千间，采绿苔而被阶，引渠水以绕砌，周流澄澈。乘船以游漾，使宫人乘之，选玉色轻体者，以执篙楫，摇漾于渠中。其水清澄，以盛暑之时，使舟覆没，视宫人玉色。……帝盛夏避暑于裸游馆，长夜饮宴。帝嗟曰：'使万岁如此，则上仙也。'宫人年二七已上，三六以下，皆靓妆，解其上衣，惟著内服，或共裸浴。西域所献茵墀香，煮以为汤，宫人以之浴浣毕，使以余汁入渠，名曰'流香渠'。"

熏炉中细烟袅袅，幽静深远。▶

## （叁）清新口气

汉代官员需要含"鸡舌香"上朝，这是官仪中重要的一项。汉桓帝因为嫌弃侍中刁存年老口臭，所以赐其鸡舌香，但是刁存没有见过此香，还以为被皇上赐了毒药，闹出一场笑话，《汉官仪》中便记载了这个故事："桓帝时，侍中刁存年老口臭，上出鸡舌香与含之。鸡舌香颇小，辛螫，不敢咀咽。自嫌有过，得赐毒药，归舍辞决，欲就便宜，家人哀泣，不知其故。赖僚友诸贤闻其俛失，求视其药，出在口香，咸嗤笑之。"

图为鸡舌香，"口含鸡舌"是汉代官员面圣的礼仪。

## （肆）尸身防腐及葬礼之用

南朝刘宋时期的刘琮找来四方珍贵之香，如苏合香之属，为他的父亲刘表保存尸身，防止腐烂。而一百年后，盗墓的人打开刘表棺墓的时候，不仅发现棺内尸体保存完好，而且棺中还散发出浓郁的香气，弥漫数十里之远。《从征记》中这样记载："刘表冢在高平郡。表之子琮，捣四方珍香数十斛，著棺中，苏合消疾之香，莫不毕备。永嘉中，郡人卫熙发其墓，表白如生，香闻数十里。"

钩弋夫人是汉武帝刘彻的宠妃，为汉昭帝的生母，据褚少孙在《史记》补记中记载：汉武帝为防患女主乱政，立子杀母。而《汉书》中却说钩弋夫人是因忧郁而死于云阳宫，所以就地下葬。太子之母的葬礼定是非常隆重，所以《汉武故事》中说道："言终而卧，遂卒。既殡，香闻十里，因葬云陵。"可见在这位尊贵女人的葬礼中也大量使用了香料。另外，《汉武故事》中还写道，汉武帝死后葬于茂陵，其坟冢之上弥漫着特异的芳香，如大雾一般："葬茂陵，芳香之气异常，积于坟堧之间，如大雾。"

宋代《第三尊者迦诺迦跋厘堕者图》局部。收录于《宋画全集》。画中尊者静坐，身边一炉熏香。

## （伍）衣物熏香

魏文帝曹丕十分喜爱在衣物上熏香，有一次骑马，居然因为衣服太香了，引起马的攻击，咬伤了膝盖。据《三国志·魏书·朱建平传》记载："帝将乘马，马恶衣香，惊啮文帝膝，帝大怒，即便杀之。"

三国时期孙吴的统治者孙亮为他的四个宠妃合制的熏衣香，因为百浣不歇，所以得名"百濯香"，东晋《拾遗记》中这样记载道："孙亮

作绿琉璃屏风,甚薄而莹澈,每于月下清夜舒之。尝爱宠四姬,皆振古绝色:一名朝姝,二名丽居,三名洛珍,四名洁华。使四人坐屏风内,而外望之,如无隔,唯香气不通于外。为四人合四气香,此香殊方异国所出,凡经岁践蹑宴息之处,香气沾衣,历年弥盛,百浣不歇,因名'百濯香'。"

## （陆）烹饪美食

汉灵帝非常喜欢外来事物,《后汉书·五行志一》中记载:"灵帝好胡服、胡帐、胡床、胡坐、胡饭、胡箜篌、胡笛、胡舞。"其中"胡饭"便是用外来香料烹饪的美食,不仅味道更加丰富,还有一定的药用价值,如《南海寄归内法传》中记载了一个"进药方法":"又由东夏时人,鱼菜多并生

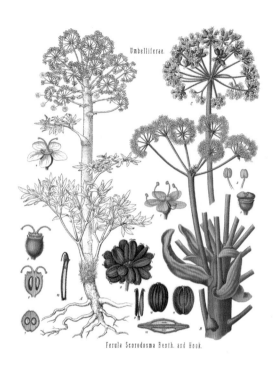

《科勒药用植物》中香料"阿魏"的原生植物手绘图。

食，此乃西国咸悉不飡。凡是菜茹，皆须烂煮，加阿魏、酥油及诸香和，然后方啖。"其中"阿魏"便是一味用于治疗"肉良积滞，瘀血癥瘕，腹中痞块，虫积腹痛"的树脂类外来香药。

## （柒）贵重礼物

三国时期，香料多被当作礼物送予权谋的对象，以期与对方获得合作的机会，或是建立一定程度的友谊。如魏武帝曹操在《与诸葛亮书》中写道："今奉鸡舌香五斤，以表微意。"

其实曹操早年十分崇尚节俭，对使用昂贵的外来香料

老伽南香。古时此香常被当作贵重礼物赠予亲朋好友。

感到非常反感，所以他几次下令禁止家眷熏烧，"昔天下初定，吾便禁家内不得香薰。"但后来，曹操将三个女儿都嫁给了汉献帝做夫人，为了女儿们可以香气袭人地服侍皇帝，从而为自己谋求更多的政治权力，他的禁香令也只能作废，同时还将香和香炉作为贵重的礼物送给皇帝和嫁给皇帝的女儿们，《太平御览》中这样记载："御物三十种，有纯金香炉一枚，下盘自副。贵人、公主有纯银香炉四枚。皇太子有纯银香炉四枚。西园贵人铜香炉三十杖。"

## （捌）祭祀裡享

中国人使用香料的开端便是用于祭祀，周人认为"至

敬不飨味而贵气臭也",用香气作为贡物，显得更为尊贵。
汉代外来香料进入我国，更加丰富了祭祀时的香气与人们
的想象力。汉武帝崇仙，古代文学中常有其烧香拜仙的传
说，如《汉武故事》中汉武帝为迎接西王母，要烧兜末香：
"王母遣使谓帝曰：'七月七日我当暂来。'帝至日，扫宫
内，然九华灯。七月七日，上于承华殿斋，日正中，忽见
有青鸟从西方来集殿前。上问东方朔，朔对曰：'西王母暮
必降尊像上，宜洒扫以待之。'上乃施帷帐，烧兜末香，香，
兜渠国所献也，香如大豆，涂宫门，闻数百里。关中尝大
疫，死者相系，烧此香，死者止。"另《汉武帝别国洞冥记》
中还写到武帝祭祀诸灵异时，要烧"天下异香"。

　　到了东晋，佛教兴盛，人们常用香料来供佛礼拜，《晋
书》中就曾多处记载了东晋名僧佛图澄烧安息香拜佛做法
的事情，如《佛图澄传》中记载了他为后赵统治者石勒求

水的故事："襄国城堑水源在城西北五里，其水源暴竭，勒问澄何以致水。澄曰：'今当敕龙取水。'乃与弟子法首等数人至故泉源上，坐绳床，烧安息香，咒愿数百言。如此三日，水泫然微流，有一小龙长五六寸许，随水而来，诸道士竞往视之。有顷，水大至，隍堑皆满。"

到了南北朝时，梁武帝祭祀用香更是讲究，如南宋程大昌所著《演繁露》中记载："梁武帝祭天始用沉香，古未用也；祀地用上和香。注云：以地于人近，宜加杂馥，即合诸香为之，言不止一香也。"

## （玖）制作澡豆、口脂等

澡豆应是我国最早的肥皂，最初为贵族们洗手之用，《世说新语》中讲过一个关于"澡豆"的故事，颇为有趣：东晋大将军王敦迎娶晋武帝之女襄城公主之时，还不知道澡豆的用途，将琉璃碗中的澡豆倒在水中喝掉，以为是饭食，由此引得婢女们偷笑："王敦初尚主，如厕。……既还，婢擎金澡盘盛水，琉璃碗盛澡豆，因倒著水中而饮之，谓是乾饭。群婢莫不掩口而笑之。"可见在那时，澡豆还是非常稀有的生活用品，连身为大将军的王敦都不知道，更不要说普通百姓了。

不过到了唐代，许多医家将原来只有贵族才能使用的各种香药记录在册，使更多的人开始了解这些香药，也知

道了它们的用法。其中便有诸多澡豆的配方及制作方法，如孙思邈所著《备急千金要方》中的一例澡豆方："洗手面，令白净悦泽。白芷、白术、白鲜皮、白敛、白附子、白茯苓、羌活、葳蕤、栝蒌子、桃仁、杏仁、菟丝子、商陆、土瓜根、川芎（各一两），猪胰（两具大者细切），冬瓜仁（四合），白豆面（一升），面（三升，溲猪胰为饼，曝干捣筛），上十九味合捣，筛入面，猪胰拌匀更捣。每日常用，以浆水洗手面，甚良。"

另外《备急》中还有一例"甲煎唇脂"方，颇为实用："治唇裂口臭方。先以麻捣泥，泥两口好瓷瓶，容一斗以上，各浓半寸曝令干。甘松香（五两），艾纳香、苜蓿香、茅香（各一两），藿香（三两），零陵香（四两），上六味先以酒一升，水五升相和作汤，洗香令净，切之，又以酒水各一升浸一宿，明旦纳于一斗五升乌麻油中，微火煎之，三上三下，去滓，纳上件一口瓶中，令少许不满，然后取丁香（一两）、麝香（一两）、甲香（一两），上八味，先酒水相和作汤，洗香令净，各别捣碎，不用绝细，以蜜二升、酒一升和香，纳上件瓷瓶中令实满，以绵裹瓶口，又以竹篾交横约之，勿令香出。先掘地埋上件油瓶，令口与地平，以香瓶合覆油瓶上，令两口相当，以麻捣泥于两瓶口际，令牢密，可浓半寸许，用糠壅瓶上，浓五寸，烧之，火欲尽，即加糠，三日三夜，勿令火绝，计糠十二石讫，停三日，令冷出之。别炼蜡八斤，煮数沸，纳紫草十二两煎之，数十沸，取一茎紫草向爪甲上研看紫草骨白，出之。又以绵滤过与前煎相和，令调，乃纳朱砂粉六两，搅令相得，少冷未凝之间，倾竹筒中纸裹筒上麻缠之，待凝冷解之，任意用之，计此可得五十挺。甲煎口脂，治唇白无血色及口臭方。"

## （拾）家具及建材所用

在各朝代记载中，香料最早作为家具建材使用，应是西汉赵飞燕沐浴时所用的沉香坐：汉代自汉武帝收复南越之后，沉香始入宫廷生活，并一直作为十分珍贵的香料来使用，可见赵皇后沐浴时所用的坐具着实非常名贵。后又

▼ 现代沉香雕刻品，古松笔筒。

有东晋十六国时笔记体小说《还冤记》中说到的一位胡人医生，因医术高明而逐渐成为巨富，存有"沉香八尺板床"，"居常芬馥，"因此招来图财杀身之祸，可见此物的珍贵。后据《资治通鉴》记载，唐玄宗还赠送宠臣安禄山两张白檀大床，载曰"皆长丈，阔六尺"，极其奢华。直到现在，北京颐和园的玉兰堂中还存有一张紫檀镶沉香饰板的书桌，可见使用香料作为家具材料，一直是宫廷贵族们生活中的传统。

除家具外，唐代还经常使用香料作为建筑材料，以提高建筑物的格调，比如最为著名的就是李白栏前作诗的"沉香亭"，还有极尽奢华的宰相杨国忠的"四香阁"："用沉香为阁，檀香为栏槛，以麝香、乳香筛土和为泥饰阁壁。"不知在这样的建筑物里，该有多么的芳香醉人。

## （拾壹）观赏与闻香

东汉时期，皇宫中已经开始引种郁金香（番红花），用来观赏与闻香：朱穆所著《郁金赋》中便有赞其身姿之句，如"布绿叶而挺心，吐芳荣而发曜。众华烂以俱发，郁金邈其无双"，并说郁金为"椒房之珍玩"，所谓"椒房"，为西汉未央宫皇后所居殿名，《汉书·车千秋传》颜师古注中说道："椒房，殿名，皇后所居也，以椒和泥涂壁，取其温而芳也。"这里的"椒"即蜀地所产的"蜀椒"，是

闲来无事时，熏一炉好香，读一本好书，正是人生的清味。

花椒的一种。

到三国时期，王公贵族常将迷迭香种于庭院，用来观赏与闻香，魏文帝曹丕与其弟曹植及几位才子的《迷迭香赋》都写到了这种香草的身姿与芬芳，如曹丕所写"嘉其扬条吐香，馥有令芳"，曹植所写"流翠叶于纤柯兮，结微根于丹墀"，文学家应场所写"舒芳香之酷烈，乘清风以徘徊"。

## （拾贰）制作香酒

"郁鬯"香酒是中国有记载的最早开始制作的一种香酒，是用珍贵的黑黍所酿造成的酒，再调以郁金香汁，进而制成的香酒，是祭祀宴请礼仪中最常用到的一种美酒。后来屈原在《九歌·东皇太一》中写到"蕙肴蒸兮兰藉，奠桂酒兮椒浆",其中"桂酒椒浆"也是那时常用的香酒。

南北朝时期,胡椒、荜拨、鸡舌香(丁香)等都是用来制作香酒的香料,如《齐民要术》第五卷中记载了一则作和酒法:酒一斗,胡椒六十枚,干姜一分,鸡舌香一分,荜拨六枚。下筛,绢囊盛,内酒中。一宿,蜜一升和之。这种香酒中用到了三种香料,取其热性、活血等功效。

## (拾叁)净化居室环境

室内熏香,净化居室环境,一直是我国先民使用香料的主要原因,唐宋时尤盛。如宫廷中用香,有《陈氏香谱》中的《唐开元宫中方》《禁中非烟》两则,《蜀主熏御衣香》《宫中香》两则,《汉建宁宫中香》等;贵族之家用香有《赵清献公香》《邢大尉韵胜清远香》《黄太史清真香》《丁晋公清真香》等等。

唐诗中也常说到室内用香的场景,如阎德隐在《薛王花烛行》中写道:"金炉半夜起氤氲,翡翠被重苏合熏。"这便是晚间在卧室内熏苏合香的场景。又如李白在《捣衣篇》中写道:"横垂宝幄同心结,半拂琼筵苏合香。"守在深闺里的佳人,思念着远在他乡的丈夫,在拂拭得很干净的桌案上摆置好珍美的筵席,并在席上熏着苏合香,大概就是那时人们生活的一种写照吧。

# 二、香印法

## （壹）香印的产生

香印，也名香拓、香篆。香印的产生与计时有关，《陈氏香谱》"五香夜刻"词条有写："穴壶为漏，浮木为箭，自有熊氏以来尚矣。三代两汉，迄今遵用。"熊氏为西周楚国贵族姓氏，这里说的应是漏壶的创始者。漏壶是我国最早的计时用具，三代两汉最为常用，但是滴水计时总有迟快，总会出现误差，《陈谱》中又记："熙宁癸丑岁，大旱，夏秋愆雨，井泉枯竭，民用艰险。时待梅谿，始作百刻香印，以准昏晓。"是说北宋熙宁年间，发生大旱，为了校准昏晓，梅谿便创作了"百刻香印"来记时，由此香印便产生了。"百刻香印以坚木为之，山梨为上，樟楠次之，"是以坚硬的木头为范模，雕刻出相应的纹路槽轨，然后将香粉放入槽内，填满刮平，再将香印缓慢取出，香炉里就会留下由香粉堆成的纹路，最后从一端点燃，以燃烧的时间来校准晨昏，这便是香印最开始出现时的用途。

在香印充当计时工具的年代里，并不是所有的香粉都能符合条件，毕竟每种香粉的燃烧速度不同，就可能造成整个香印燃烧所用的时间不同，为了确保时间的准确，就必须选择特制的香粉，所以在各式香谱中都可以看到多种

宋代，《第四尊者，苏频陀图》局部。收录于《宋画全集》。画中所绘小桌上置一炉盘，内有香印轨迹。

在燃烧的"寿"字形香印。

印香方，如《陈谱》中记载的："百刻香若以常香则无准，今用野苏、松球二味，相和令匀，贮于新陶器内，旋用。野苏，即荏叶也，中秋前采，曝干为末，每料十两。松球，即枯松花也。秋末拣其自坠者，曝干，锉去心，为末，每用八两。"可见，这时香印的使用目的是"计时"，而不是要取其"香气"的。

到了明清时期，香印更像是一种用香情趣被保存下来，如清代丁月湖所著《印香炉式谱》，将香印制成一种多层香炉，使香印的使用更加简便，并且创作出了很多纹饰图案，以满足不同使用者的需求，也颇有趣味。

在清代香炉中燃一炉香印。

## （贰）香印法的使用步骤

步骤一，备香（选用纯沉香粉或者檀香粉，可以得到较纯净的味道；选用配合其他香药的合香粉，可大空间使用）。

步骤二，平灰（用香匙将炉中香灰压平）。

步骤三，置印（将有文字图案的香印，也名香篆、香拓或香模，轻轻置于香炉之中）。

步骤四，入香（将备好的香粉用小香匙盛入香印内）。

步骤五，理粉（用小香匙将香粉刮入槽内，刮平）。

步骤六，出印（将香印缓慢提出，只留下香粉形成的纹路）。

步骤七，燃香（点燃不闭合曲线的一端，香粉所形成的香印图案便开始寻迹燃烧了，开始享用一印的香气时间吧）。

　　注：选用清代丁月湖所绘香印图案"心香一辨"，欲在闻香读书之时，得到一份内心的安然。

步骤一　备香

步骤二　平灰

步骤三　置印

步骤四　入香

步骤五　理粉

步骤六　出印（一）

步骤六　出印（二）

步骤七　燃香

# 三、线　香

## （壹）线香的产生

我国线香的产生不晚于元代，元末书法家薛汉有诗《筋香》："奇芬捣精微。纤茎挺修直。炮轻雪消眼，火细萤耀夕。""筋"是筷子，筋香就是如同筷子一样的香，从诗句"纤茎挺修直"中便能看出这种香的姿态。筷子粗的线香可能是那时的一种新型香制产品，但工艺还不够完善，还做不到非常纤细的程度，很有可能那时的线香就叫作"筋

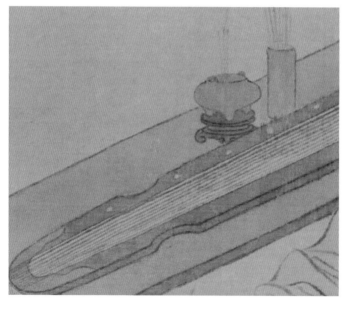

◀清代，王肇基《梦楼抚琴图轴》局部。故宫博物院藏。画中古琴边放置了一支香筒，插有一束线香，旁边香炉中燃着三支线香。

香"，真如筷子一般粗细，这应是所谓"一炷香时间"一语的由来，此中"炷"最早应为"筯"字。这种新型香制品无疑满足了使用者获得新鲜事物的喜悦心情，所以书法家才会用诗来描述这种新香，这时应该就是线香刚产生不久的时候了。

明代项元汴在其所著《蕉窗九录》中采录有"京线香"条目："前门外李家第二分，每束价一分，佳甚。"从"束"这个量词来看，应是与我们现在常见的线香相同，一支一支地捆扎成一束。另外，书中还采录了一种用香工具——香盘："紫檀乌木为盘，以玉为心，用以插香。"这种香盘是用来固定线香的。如此可见，这时线香的使用已经比较常见，相应的用具也已经生产了。

到了明代中后期，出现了另一种做工较为复杂的燃线香用具，名为"香筒"，文震亨所著《长物志》载："旧者有李文甫所制，中雕花鸟、竹石，略以古简为贵。若太涉脂粉，或雕镂故事、人物，便称俗品，亦不必置怀袖间。"这种器具多有存世，如现存于北京故宫博物院的明代竹雕荷花香筒，筒上满雕荷花，雕工精致，筒上下缘镶以牛角，用花梨木顶托，很有意趣。在筒中点燃线香，香烟会从镂空的孔洞中慢慢溢出，弥漫在荷花的周围，非常具有雅趣，真乃点香的艺术品。

明代开始有了制作线香方法的记录，如《本草纲目》中就有记载："今人合香之法甚多，惟线香可入疮科用。其料加减不等，大抵多用白芷、独活、甘松、山柰、丁香、藿香、藁本、高良姜、茴香、连翘、大黄、黄芩、黄柏之类，为末，以榆皮面作糊和剂。"可见此时线香的调和是以药用为主要目的，其中还写到了使用方法为"燃

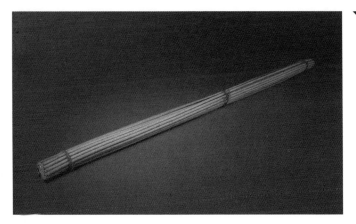

香以鼻吸烟咽下"，以此可以"熏诸疮癣"。当然不仅药用，使用名贵香料来制作的日用线香定也非常流行，甚至在那时已开始使用线香当作礼品来赠送他人了，如画家王绂有诗《谢庆寿寺长老惠线香》："插向薰炉玉箸圆，当轩悬处瘦藤牵。"从"插"这个动词便可看出，此为柱状香品，"箸"字也正反映出这种香的形态，如圆柱形筷子一般。

到了清代，线香多被称为"卧香"，一般在清册上会用到这个名字。当然燃卧香的器具一般都会是横式香薰，称为"卧炉"，清宫中也会选用珐琅或瓷制的卧炉来燃卧香，如现存于台北故宫博物院的清代乾隆时期官窑粉彩云龙镂空长方香薰和清代乾隆窑铜胎画珐琅长方香薰等，而且卧香这种用香方式直到现在的"藏香"中仍在使用。

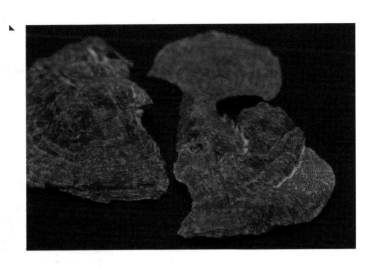

# （贰）线香的制作方法及使用

现代线香的制香工艺已经非常成熟，主要以沉香、檀香等名贵木材作为原料加以制作，以满足现代消费者更高的日常使用要求。下面以沉香线香为例，来解析线香的制作方法。

1. 线香的选材

如果选用野生沉香原材来制作，需选择结香在十几年到几十年的香片，清洗干净，将香中的土石杂质等小心剔除，只留干净的结香部分，然后打成细粉，以备使用。

2. 线香的制作

在沉香粉中按一定比例均匀加入榆皮粉一类的天然黏合剂，搅拌均匀，让粉与粉之间充分融合，然后加适量水，可选用天然矿泉水或纯净水，再行搅拌均匀，所制面团以不粘手又不过分干燥劲硬为准。

如果选用制香机来制作，就将面团放入香机中挤压成型，然后在香笟里整形剪裁，将香笟叠放于阴凉通风的环境中，待香缓慢干燥。

当线香晾到七八分干时，便可收起、扎束，再置于大陶罐中窖藏，这样可使香在脱水的过程中不会变形弯曲，也可以在窖存的封闭环境下使其味道醇化得更好。一般放置三个月后便可取出使用了。

如果想要手工制作，可以选用"筋香"的制作方式，就是将面团缓慢均匀地擀开至1—2毫米厚度，然后用钢尺小心切割成宽1—2毫米的长条，修去两端，使线香成为方柱形筋香，然后置于香笟中晾干，其他步骤同上。这种方法所制线香比较粗，但是便于操作，适合个人制作使用，这个过程很有乐趣。

▲准备挤出线香。

▲将挤出的线香切断。

▲置于架上阴干。

▲捆扎线香。

# （参）线香香炉及用法

　　现代线香香炉的种类非常多，可以根据个人的喜好去选择，总的来说可以分为以下两种：一为卧香炉，就是将线香点燃之后，平躺置于香炉内，有盖者居多，香烟通过镂空的盖散发出来时，非常雅致。二为插香座，香座大部分为单个造型，有插香孔，比如葫芦形、水滴形、骰子形等，也有与香盘一体的。这种可以接住香灰，比较干净。其中造型美观的也不失为居家摆设的亮点。

　　线香因为是需要燃烧的，所以有一定的烟气，一般建议使用在较大的空间里，如客厅、办公区等，只有少量选材顶级的线香才适合用于卧室或私人幽小空间。这种线香一般烟气较弱，不会让人感到不适，并且有较高的药用价值，非常适合与人近身使用。

沉香随形雕刻卧香炉。▶

▲ 在自家养的小罗汉竹丛
中随意闲置一块怪石，
石中有孔，便可插香，
每日燃上一支，香烟袅
袅，身心宁静。

# 四、合香与熏香法

## （壹）什么是"合香"

合香，是以多种香料调配合成的一种香品，说其要领，《陈氏香谱》中有载："合香之法，贵于使众香咸为一体。"据考证，在我国汉代应已开始使用合香了，如《赵飞燕外传》中写到飞燕用"五蕴七香汤"沐浴，《汉武内传》中写到汉武帝要在七月七日烧"百和香"。后世文献中也有很多所谓"汉宫香方"，如前文提到的抄录在明代《墨庄漫录》中的东汉郑玄所注释的《汉宫香方》一则，《陈谱》中也有"汉建宁宫中香"香方。

三国时期，孙吴的统治者孙亮为他的四位美嫔制作合香："为四人合四气香，此香殊方异国所献，凡经岁践蹑宴息之处，香气沾衣，历年弥盛，百浣不歇，因名百濯香。"可见这时已经有多种进口香料，并可能还吸收了外来的合香理念，所以那时的王公贵族们便已经开

披金衣"四物润燥"香丸。▶
肖木复原。

始使用合香了。

西晋时，富豪石崇更是用名贵的合香来熏厕所："石崇以奢豪矜物，厕上常有十余婢侍列，皆有容色，置甲煎粉、沉香汁，有如厕者，皆易新衣而出。"其中"甲煎粉"便是制作工艺复杂的一种合香（制作方法请参考 202 页），石崇家厕所的豪华并不是体现在装饰构造上，而是有美婢侍侧，有好香熏燃，还有新衣可换，颇有些创意。

南北朝时，合香工艺成熟，已有此类专书，如范晔所著《和香方》，在其序中写道："麝本多忌，过分必害。沉实易和，盈斤无伤。零藿虚燥，詹唐粘湿。甘松、苏合、安息、郁金、榇多、和罗之属，并被珍于外国，无取于中土。又枣膏昏钝，甲煎浅俗，非唯无助于馨烈，乃当弥增于尤疾也。"出生于士族家庭的南朝刘宋时期的史学家范晔，生活细节非常讲究，从穿衣到用具无不精益求精，在那时得到了很多人的效仿。从上边序文中便可以看出，范晔对于合香及多种香料的性质都非常了解，可谓是一位专精的用香大师了。但是，在这篇序文中，他不仅写出了各种香料的性质，其中更深层的用意是用"香"来比喻与他同朝为官的那些人："麝本多忌"是在比喻庾炳之，"零藿虚燥"是在比喻何尚之，"詹唐粘湿"是在比喻沈演之，"枣膏昏钝"是在比喻羊玄保，"甲煎浅俗"是在比喻徐湛之，"甘松、苏合"是在比喻慧琳和尚，而"沉实易和"则是在比喻自己。如此看来，范晔不仅对香有很深的了解，还将香与人做了融合，这就如同先人屈原一般，不便于直述，只能用香来隐喻了。

而且在南北朝时期，更是有了"合香家"这样的职业，唐代的《新修本草》中还总结到："沉香、薰陆香、鸡舌香、藿香、詹糖香、枫香并微温。……此六种香皆合香家要用，不正复入药，惟疗恶核毒肿，道方颇有用处。"也就是说，这六种香料常入合香使用，是"合香家"们最喜欢使用的香料了。

唐代问世了很多医家著作，均有对各种香药的解析，也都记载了诸多的合香方，用途更加广泛，比如女子使用的面脂、面膏、口脂，还有敷面用的香粉，洗护皮肤用的澡豆，护发用的生发膏，薰衣用的薰衣香、裹衣香等等，这些用品中很多都添加了进口香料，所以价格都很昂贵，因此便产生了一种社会普遍性的开支，便是女子的"脂粉钱"。据记载，龙门石窟中最雄伟的卢舍那大佛，不仅是按照武则天的面貌而建造的，她还为这尊大佛的建造捐赠了两万贯脂粉钱。可见那时的女人们花费在这些日用香品上的费用非常大。当然，由此而产生的"合香家"想必在当时也是一个炙手可热的职业吧。

到了宋代，合香却变成了文人们喜爱参与的雅事之一。宋人爱合香，从宋代遗留下的多部香谱便能略知一二，这些香谱有洪刍的《香谱》、叶庭珪的《名香谱》（又名《南蕃香谱》）、潜斋的《香谱拾遗》和陈敬的《陈氏香谱》等。虽然很多已经遗失，但这足以证明"合香"一事在宋代是备受推崇的，文人们甚至以此为尚，竭尽所能搜罗历代的香事和传说，还总结了当代世人所喜爱的香品，并罗列了非常多的合香方，还为这些香方设计出了很多种使用方法，如熏香、焚香、香印、香珠等，为了更好地熏点这些香，他们还特制了香灰与香炭，也总结了焚香的用具和环境，可见在宋代，此事当真是一种颇为流行的文人雅事。

# （贰）合香法

1. 调和：

将香方中需要用的香料打粉，加炼蜜调和。

2. 切丁：

将和好的香泥压成厚约 5mm 的方形香饼，然后用钢尺切成边长 5mm 的方丁。

3. 制丸：

将小丁放在手心中，揉搓成香丸放置在香盒里，备用。

# （叁）熏香之香

"熏香"一词，上古时代多用，即"燃香取烟"之意，主要是为了祭祀所用。后来，"熏香"则特指将香气熏到衣服上，有了"沾染"之意。

到了宋代，多改用"焚香"一词，是燃香取香而不取烟的意思，即"隔灰取炭"的用香方式。《陈氏香谱》中写到焚香法："焚香必于深房曲室，矮桌置炉，与人膝平，火上设银叶或云母，制如盘形，以之衬香。香不及火，自然舒慢，无烟燥气。"也就是将炭块放入炉灰中掩埋，再在灰上置银叶或云母片，然后再放香料，这样可以使香料只是发香，但不燃烧，便没有了烟燥之气。

宋代所焚之香种类繁多，既有单一的品种，如沉香、檀香；也有合香，如黄香饼、芙蓉香、龙涎饼、内香饼等，且多以合香为主。正因为如此，为了区分使用沉香而形成的现代香席，便将熏闻沉香定名为"品香"，而焚其他香品则定名为"熏香"，一为便于区分，二为依循现代人的用词习惯。"焚"总是有燃烧之意，所以定为"熏"更有语意。因此，"品香"便单指品鉴沉香，而"熏香"则是指日常熏闻其他香料或是合香了。在历代的用香文化中，合香可以做成三种形式，即香膏、香丸、香饼，前一种为湿香，后两种做成干、湿均可。

1. 香膏：是指按照各香方调配而出的香粉，合以炼蜜，

▲秋日和制的润燥香膏，
　窖存了三月，立冬日正
　好可用。

将香膏装入小瓶中待用。

然后均匀捣炼成膏状，再放入小容器中密封保存。每次使用时，用小匙挑出一些，置于银叶上，便可熏香。

　　举例香方：〔赵清献公香〕白檀香四两（研矬）、乳香缠末半两（细研）、玄参六两（温汤洗净），上碾取细末，以熟蜜拌匀，入新瓷罐内，封窖十日，爇如常法。（《陈氏香谱》）

　　解析：此香方名为"赵清献公香"，赵清献公即北宋名臣赵抃，此公"平时以一琴一鹤自随，为政简易，长厚清修，日所为事，夜必衣冠露香以告于天"，所以此香方应是其常用香方。此方简单，只有三味香药，可以在家中一试。这里用的计量单位"两"是小两，一斤为十六两，一两约为40克。

　　2. 香丸：是指按照各香方调配而出的香粉，合以炼蜜，然后合成面团状，再擀成面饼，用钢尺或轮刀切成大小一

清代，金廷标《岩居罗
汉像轴》（局部）。故
宫博物院藏。画中小童
为香炉中添的香似"香
丸"。

致的小丁，然后将小丁置于掌心揉搓成丸，便可收纳在干
净容器里密封保存，每次使用时，用小匙或香箸取出一粒，
置于银叶上，便可熏香。

举例香方：〔开元帏中衙香〕沉香七两二钱、栈香五两、
鸡舌香四两、檀香二两、麝香八钱、藿香六钱、零陵香四钱、
甲香二钱（法制）、龙脑少许。上捣，罗细末，炼蜜和匀，
丸如大豆爇之。（《陈氏香谱》）

解析：此香方名为"开元帏中衙香"，开元为唐玄宗年
号，看来此方是唐代宫中御用香方。此方比较复杂，一
共九味香药，现在比较难寻的是甲香，《唐本草》中载"甲
香"为"蠡类，生云南者，大如掌，青黄色，长四五寸，
取壳烧灰用之。南人亦煮其肉啖，今合香多用，谓能发香，

复末香烟倾酒密煮制方可用"。可见此香在炮制上比较麻
烦，所以一般家中不便试合此方。

3. 香饼：是指按照各香方调配出的香粉和以一定比例
榆皮粉或炼蜜等天然黏合剂，然后和成面团状，取来模具，
将香面团挤压到每个磨具凹槽中，等待阴干，然后脱模，
就会形成一个个有造型的小饼，即香饼。最后收入容器，
可以放入香盒中，以便每次使用时方便拿取。干香饼无须
密封保存，湿香饼还需放在密封容器内保存。香饼可直接
置于灰上熏香，无需银叶或云母，也比较耐熏，干香饼相
较于湿香来说气味稍微弱些，需要慢闻。宋代时，香饼多
为一种炭饼，在香料的基础上还要加入炭或硝来助燃。现
代日本制作的香饼就是用香料香精合成的小饼，已经不加
助燃物质了。

举例香方：〔撒馥兰香方〕沉香（三两五钱）、冰片（二钱四分）、檀香（一钱）、龙涎（五分）、排草须（二钱）、唵叭（五分）、撒馥兰（一钱）、麝香（五分）、合油（一钱）、甘麻然（二分）、榆面（六钱）、蔷薇露（四两），印作饼烧，佳甚。（《遵生八笺》）

解析：撒馥兰为红花的音译名称，唵叭香是以胆八树的果实榨油制成的香油，古时人们认为此香可以辟恶气，又名笃耨香。这味香料是这个香方中最难找到的一味香料，大家可以加减方来调试，这款应是香气非常曼妙的一组香方。

## （肆）熏香法

1. 备器：

挑选炉瓶三事一组，或单选一只自己喜爱的香炉，配以箸瓶及箸匙，常置于一香几上，每日可随手熏香，如古人一般，为日常必行之事。

2. 选灰炭：

香灰　可选用松针、宣纸、桑木等灰，或可选择日本普通香灰或牙灰。需勤于打理，每周至少一次用火炭养灰，勿令灰受潮或脏污。平时给香炉配上一个炉盖，可防止香灰受潮。

香炭　可选用特制无烟无味炭，或选择日本配套日用香炭。

3. 熏香法：

将香炭埋于灰中，将香灰拢聚成山或直接捣平，用香匙轻缓压平香灰，灰上置银叶或陶片或云母，将香膏、香丸、香饼放在上面，便可熏香。也可将干香丸或干香饼直接置于灰上。

熏香法比较日常，所以使用方法也随香主喜好而定。清晨，熏上一炉清香，便可以去做其他事情了，或是晨读，或是早茶，用独属于自己的香气唤醒一天的心情，这也是中国情味的一种姿态，安适就好。

熏香法：在晨光中安静地打理一炉香，用香气唤醒自己。

①捣灰（将香灰捣松）

②入炭（将烧好的香炭放入香灰中）

③埋炭（将香灰拢起，掩埋香炭）

④理灰（将香灰拢成山形，打理干净）

⑤置银叶（将银叶或云母片放在香灰山尖上）

⑥取香（将香从香盒中取出）

⑦置香（将取出的香放置于银叶里，便可以开始闻香了）

# 五、现代用香礼仪——香席与品香

## （壹）独特的中国古代生活方式——品香

### 1."品香"文化的逐步形成

自唐代中后期，文人们开始有意识地用熏香来营造一个独处的环境，如《旧唐书·文苑下·王维》中记载的，一些官员会在退朝之后"焚香独坐，以禅诵为事"。宋代沈作喆在其所著《寓简》中曾多次写到"闭阁焚香"一事，仿佛在宋代，文人们在书房中焚香是一个非常重要的活动，是创作或思考之前一定要践行的一种仪式化的生活方式："每闭阁焚香，静对古人；凝神著书，澄怀观道；或引接名胜，剧谈妙理；或觞咏自娱，一斗径醉；或储思静睡，心与天游。"由此可见，在文人的生活空间里，"香"是一种精神媒质，是与天人思想沟通的必要渠道。

宋人吴自牧所著《梦粱录》，曾详细记述了南宋都城临安的风俗样貌，其中写道："烧香点茶，挂画插花，四般闲事，不宜累家。"可见这四件事并不是一般家庭日常所能享用的。所谓"闲"，并非是无所事事，而是内心闲适的一种境界，应是调养气质、增益环境的一种更高的生活追求或生活品位，所以才是一般家庭日常少有的。

黄鲁直有诗云："百炼香螺沉水，宝熏近出江南。一

毵黄云绕几，深禅相对同参。""险心游万仞，躁欲生五兵，隐几香一炷，灵台湛空明。"苏轼也有诗云："四句烧香偈子，随香遍满东南。不是闻思所及，且令鼻观先参。"他们不约而同地都在"香"中找到了禅意，同时提出了一个非常耐人寻味的意象——鼻观。自此，也将中国的用香文化推向另一个极致：鼻观可以观香，也可以观心，亦可以观世间万物、天道轮回。

所以，到了明代，文人们甚至于开始论香，明代著名文学家屠隆在其所著《考槃余事》中论香："香之为用，其利最薄。物外高隐，坐语道德，焚之可以清心悦神。四更残月，兴味萧骚，焚之可以畅怀舒啸。晴窗柘帖，挥尘闲吟，篝灯夜读，焚以远辟睡魔，谓古伴月可也。红袖在侧，

密语谈私，执手拥炉，焚以熏心热意，谓古助情可也。坐雨闭窗，午睡初足，就案学书，啜茗味淡，一炉初爇，香蔼馥馥撩人。更宜醉筵醒客，皓月清宵，冰弦戛指，长啸空楼，苍山极目，未残炉爇，香雾隐隐绕帘，又可祛邪辟秽。随其所适，无施不可。"这才是真正的"香之德馨"，较之日本香道大师所创"香十德"，意境更为高远，用如此秀雅的文字表述诸多用香的好处，这正说明到了明代，人们在生活中已经离不开"焚香"一事了，尤以文人士大夫阶层最为推崇，所谓"随其所适，无施不可"，是将隋唐时期以"用香之奢"的风气慢慢改化为"用香之雅"，这便是"品香"一事的开端。

## 2. 如何"品香"

北宋《陈氏香谱》中说道："焚香必于深房曲室，矮桌置炉，与人膝平。火上设银叶或云母，制如盘形，以之衬香，香不及火，自然舒慢，无烟燥气。"这基本上就是我们现在所熟知的"隔灰取炭"法的最早记载：在幽深静谧的小室中，置一与膝同高的矮桌，桌上放一香炉，同时要配一香盒，或是一箸瓶，炉内有炭火，火用薄灰覆盖，灰上再置一枚形如小盘的银叶或云母片，抑或是古陶片，然后将香料放在上边，如此才能让香气慢慢抒发，没有烟气，没有焦腥之气，如若无物，只有鼻子可以感知，可以观摩，这样方能被称为"品香"。

既要品香，便要有合手好用的工具，《陈氏香谱》卷三最后就列举了"香品器"一栏，用来说明用香的器物，它们分别是"香炉、香盛（即香盒）、香盘、香匙、香箸、香壶（即香瓶）"。到了明代，高濂称其为"焚香七要"，记录在其传世名著《遵生八笺》中，列如下：

> 香炉：官、哥、定窑，岂可用之？平日，炉以宣铜、潘铜、彝炉、乳炉，如茶杯式大者，终日可用。
>
> 香合：用剔红蔗段锡胎者，以盛黄黑香饼。法制香磁盒，用定窑或饶窑者，以盛芙蓉、万春、甜香。倭香盒三子、五子者，用以盛沉速、兰香、棋楠等香。
>
> 炉灰：以纸钱灰一斗，加石灰二升，水和成团，入大灶中烧红，取出，又研绝细。入炉用之，则火不灭。忌以杂火恶炭入灰，炭杂则灰死，不灵，入火一盖即灭。

香炭墼：以鸡骨炭碾为末，入葵叶或葵花，少加糯米粥汤和之，以大小铁塑槌击成饼，以坚为贵，烧之可久。或以红花楂代葵花叶，或烂枣入石灰和炭造者，亦妙。

隔火砂片：烧香取味，不在取烟。香烟若烈，则香味漫然，顷刻而灭。取味则味幽香馥，可久不散。须用隔火，有以银钱、明瓦片为之者，俱俗，不佳，且热甚，不能隔火。虽用玉片为美，亦不及京师烧破沙锅底，用以磨片，厚半分，隔火焚香，妙绝。

灵灰：炉灰终日焚之则灵，若十日不用则灰润。如遇梅月，则灰湿而灭火。先须以别炭入炉暖灰一二次，方入香炭墼，则火在灰中，不灭可久。

匙箸：惟南都白铜制者适用，制佳。瓶用吴中近制，短颈细孔者，插箸下重不仆，似得用耳。余斋中有古铜双耳小壶，用之为瓶，甚有受用。磁者，如官、哥、定窑虽多，而日用不宜。

▲ 明代，《十同年图卷》（局部）。故宫博物院藏。画中方桌上摆放了炉瓶三事，其中香盒为剔红漆盒。

如此"七要"，分析来看，首先要选一只如茶杯大小、式样精美的香炉，而前朝的官窑、哥窑、定窑香炉很是珍贵，不适合日常使用，可以选择宣德炉，或是潘氏制铜的香炉，或是彝炉、乳炉之类，不易损坏，适合日常使用。在炉中放上特制的香灰，炭也要特制，不能用不洁的灰和不好的炭，不然炉中会有杂味，影响闻香。隔火的砂片用玉来做，虽然很美，但是却不如京师烧制的砂锅用坏之后的残底，可以用它磨成厚度为半分的薄片，隔火焚香最是好用。打理香灰的工具"匙"和"箸"，以南都所制的白铜质地的最为好用。箸瓶则以当时吴中地区所制的短颈细孔的小瓶最为合适，因为插入铜箸时，下重，不易扑倒。

另外，书中还说到了怎样在炉中操作："烧透炭墼，入炉，以炉灰拨开，仅埋其半，不可便以灰拥炭火。先以生香焚之，谓之发香，欲其炭墼因香爇不减故耳。香焚成火，方以箸埋炭墼，四面攒拥，上盖以灰，厚五分，以火之大小消息，灰上加片，片上加香，则香味隐隐而发，然须以箸四围直搠数十眼，以通火气周转，炭方不灭。香味烈，则火大矣，又须取起砂片，加灰再焚。其香尽，余块用瓦合收起，可投入火盆中，熏熏衣被。"也就是说先将香灰拨开，然后将烧透的炭块埋入灰中。开始只埋一半，然后用生香试火，名为发香，意图是炭块不会因为香的焚烧而减弱。当香点燃成火之后，再用香箸将炭块埋在灰中，将灰从四面拢起，在炭上盖五分厚的灰，灰上再加陶片，然后将香放在陶片上，便可闻到香气缓缓而发，然后用香箸在灰的四周捣十几个孔洞，便于通气，炭才不会灭在灰里。而现在无须这样操作了，请参看《现代香席仪轨》一篇。


3. 所品何香

日本"香道"自室町幕府时期开始选用"沉香"，为香席的首要品鉴对象（参看前文《日本"香道"》）。同期，我国的文人们也产生了相同的认知，《考槃余事》中便记录到明代文人们所"品"

之香："品其最优者，伽南止矣。第购之甚难，非山家所能卒办。其次莫若沉香，沉有三等，上者气太厚，而反嫌于辣；下者质太枯，而又涉于烟；惟中者约六七分一两，最滋润而幽甜，可称妙品。煮茗之余，即乘茶炉火便，取入香鼎，徐而爇之，当斯会心景界，俨居太清宫，与上真游，不复知有人世矣。噫，快哉！近世焚香者，不博真味，徒事好名，兼以诸香合成，斗奇争巧，不知沉香出于天然，其幽雅冲淡，自有一种不可形容之妙。若修合之香，既出人为，就觉浓艳，即如通天熏冠、庆真龙涎、雀头等项，纵制造极工，本价极费，决不得与沉香较优劣，亦岂贞夫高士所宜耶。"

屠隆首推伽南香，即我们现在所熟知的棋楠香（亦名奇楠香等），但是此类香并不易得，所以可以常选用品质中等的沉香，味道最为滋润而幽甜，作者甚至认为沉香出于自然，味道最是幽雅冲淡，是那些合成之香完全无法比拟的。

另外，在明代，文人们还为所品之香分了种类，《遵生八笺》如是说：

▼ 盛放在玉盘中的伽南香。

此皆载之史册，而或出外夷，或制自宫掖，其方其料，俱不可得见矣。

余以今之所尚香品评之：妙高香、生香、檀香、降真香、京线香，香之幽闲者也。兰香、速香、沉香，香之恬雅者也。越邻香、甜香、万春香、黑龙挂香，香之温润者也。黄香饼、芙蓉香、龙涎饼、内香饼，香之佳丽者也。玉华香、龙楼香、撒馥兰香，香之蕴藉者也。棋楠香、唵叭香、波律香，香之高尚者也。

幽闲者，物外高隐，坐语道德，焚之可以清心悦性。

恬雅者，四更残月，兴味萧骚，焚之可以畅怀舒情。

温润者，晴窗拓帖，挥尘闲吟，篝灯夜读，焚以远辟睡魔，谓古伴月可也。

佳丽者，红袖在侧，密语谈私，执手拥炉，焚以熏心热意，谓古助情可也。

蕴藉者，坐雨闭关，午睡初足，就案学书，啜茗味淡，一炉初爇，香霭馥馥撩人，更宜醉筵醒客。

高尚者，皓月清宵，冰弦夏指，长啸空楼，苍山极目，未残炉爇，香雾隐隐绕帘，又可祛邪辟秽。

黄暖阁、黑暖阁、官香、纱帽香，俱宜爇之佛炉。

聚仙香、百花香、苍术香、河南黑芸香，俱可焚于卧榻。

客曰："诸香同一焚也，何事多歧？"余曰："幽趣各有分别，熏燎岂容概施？香僻甄藻，岂君所知？悟入香妙，嗅辨妍媸。曰余同心，当自得之。"一笑而解。① 明代屠隆所著《考槃余事》与明代高濂所著《遵生八笺》在论香的部分有很多相似之处，欧贻宏认为《考槃余事》摘录于《遵生八笺》，参考文章：欧贻宏《〈遵生八笺〉与〈考槃馀事〉》，《图书馆论坛（双月刊）》，1998年第1期。

这么多的香气，如今的我们已经不能体会，只愿以余等最大能力来考证复原，只为在当今之世还能遇到这些个幽闲者、恬雅者、温润者、佳丽者、蕴藉者和高尚者而努力践行。

# （贰）品香的礼仪——现代香席仪轨

## 1. 中国现代香席由来

从我国现存历史文献资料及文物考古资料来看，我国确实不曾存在有如"日本香道"一般的仪式化的品香仪轨，"品香"对于我国先民来说更像是列于吃、穿、住、用、行之中的生活必需品，以"使用"为唯一目的。就如我们会将"烧香点茶、挂画插花"列为"四般闲事"，而日本却将"茶、香、花"列为其本土文化的"三大雅道"，这其中"闲"与"道"的情味完全不同，所含的文化内核也有根本区别，可见我们彼此之间的文化认知是存在很大差异的。

我国现代香席之所以会形成，主要是因为社会环境的根本改变——现代化的生活已将中国历史中辉煌的用香文化冲淡到只剩下零星碎片，而出于对文化保护的迫切需要，我们这些文化工作者有责任将香文化中最具代表性的一些

▼ 清代，喻兰《仕女清娱图册》局部。故宫博物院藏。画中博古格上放置的"炉瓶三事"，为日常所用。

部分复原成一个可以为现代人所展示的文化作品，让其成为这种文化的代言者保存下来。所以，中国现代香席的形成也存在着文化保护的使命性，可见其意义重大。

### 2. 香席的准备工作

空间：古说焚香要在"深房曲室"之中，对于我国先民来说，一场香事就是打一个禅期，所以坐禅的地方一定要安静。安静并不是无境，而是相对和谐，气场美好，所以要用"宁静"来形容这样一个环境。宁静的空间是要我们置身在简明自然之中，简单的装饰，清明的空气，优雅的环境，凝滞的时间，一切都是刚刚好，安然舒适。

理香。

理香：由于沉香的"出于天然，幽雅冲淡"的特性，最适合香席所用，又因汉武帝之后，南越之地归汉，此地所产的沉香也属本土香料，最契合我们的仪礼。所以在一场正式的香席中，品鉴沉香是唯一的选择。沉香因生于天然，形态各异，结香斑驳不均，所以在香席之前打理香料也是非常必要的，需取墨笔在香的一侧画出 5 毫米见方小窗，再用香刀按墨线切割而下，根据此次品香所需用量，准备一二，最后将切割下来的"香片"置于香盒之中，备用。

备器：需备"品香七要"（主器具）

炉瓶三事：炉、瓶、盒（三要）

香炉　品香时需选用瓷制香炉，而铜制香炉可日常使

备器（主器具—炉瓶三事）。

用，但不适合品香，因为会有气味；炉型以奁式炉为首选，唐宋时的行炉、宋代吉州窑三足炉、宋代钧窑三足小鼎式炉、宋代青白釉莲花形有座炉等形式简约、炉口开阔、适手便持的炉型均是不错的选择，现代仿制这些制式的香炉也可。

　　香炉形制的选用非常重要，它是制定一场香席的视觉基调。

　　香盒　盛放香料者。可选古瓷香盒，也可选古漆香盒，日本老香盒亦可，现代仿制款香盒也可，重点是与香炉搭配时要有美感。

　　箸瓶　盛放箸、匙者。可选古瓷瓶或铜制箸瓶，现代仿制款亦可。要下稳口束，放入匙箸的时候不会倒伏。与香炉搭配时要有美感。

　　火主：匙、箸（一要）

　　香匙　材质选用铜、银、金、珐琅、瓷均可，只是造型要利于打理香灰，与箸瓶相配即可。

备器（辅器具）。

香箸　材质选用同上均可，造型要与匙相配。

配具：灰、炭、银叶（三要）

香灰　可选用松针、宣纸、桑木等灰，或可选择日本品香灰。需勤于打理，每周至少一次用炭火养灰，勿令灰受潮或脏污。

香炭　可选用特制无烟无味炭，或选择日本配套品香炭。

银叶　可选用云母切片；或选用银制小碟，相对比较雅致；更可选用较薄的古陶或古瓷碎片，磨光打圆，或随形磨光最为雅致，因其受热均匀，更利于香料的发香，此为"煎香"。

其他（辅器具）：香案、香盛、席布、拭布、银叶盒、火辅具（银叶镊、探针）、炭钵、燃炭器。

香案　席地而坐时，需选用与腹同高的香案，根据环境选择相适的材质及样式，大小也由主香者的习惯来决定；有坐具时，要选用相对较高的香案，也与腹同高，便于操作，大小由主。

香盛　盛放拭布、银叶盒、火辅具等器物的方盘，不可置于香案之上，会影响到香席的美感，一般置于右手一侧，便于取用，若主香者惯用左手，便置于左侧。香盛可选用花梨、红木、紫檀等硬木制作，也可内镶大理石，要古朴致美者。

席布　置于香案之上，免于器物与案面的摩擦，可选用棉质、丝缎质，颜色要与香席搭配，宜隐不宜显。

拭布　匙箸打理灰之后，会有一些残灰留在器物表面，需要用软布擦拭干净。拭布选用柔软的细棉布或丝质手帕。

银叶盒　与香盒的选择等同，只是要小巧，内堂与银叶大小相配合适最为雅致。

火辅具　即银叶镊、探针，可用铜、银、金等材质，形制小巧，镊尖需尖利，便于夹拾银叶。探针比香箸短小，一头为针状。这两件器具史上未有，主要参考了日本香道用具，因这两件器物在品香过程中十分重要，所以在现代香席中加入使用，造型雅致便可。

炭钵　钵形或桶形均可，体型要小，内装半钵香灰，为燃炭之用。

燃炭器　现多用防风打火机，或电子点炭器，只是此物十分不雅，不可上香席，需香侍（做辅助工作的人）在隔间使用，点燃炭后，将炭钵奉上香席方可。

邀客：一场正式的香席需要正式的邀客流程，这一流程需按照中国礼制来设计完成。首先应递出请帖，帖中应明确记入时间、地点、主香者、活动内容、所品鉴的香品及其他参加者。被邀者收到请帖后，应予以回执，标明可以准时到场。

置席：主香者应在做好以上准备之后，将被邀者的座次顺序排列妥当。以长幼之序来安排最为雅致；若以尊卑之别来安排就显庸俗了。

元代，《荷亭对弈图页》（局部）。故宫博物院藏。画中少女正在理香。

# （叁）礼香十二式

置炉　将香炉摆放在自己（主香者）面前，位置适中，方便之后的操作，以个人习惯为主。

拭器　用软布擦拭器具，此为礼香第一式，表示对自然恩赐香物的感谢与尊敬。

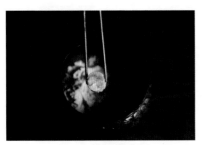

备炭　香侍应于隔间将香炭点燃，置于炭钵之中，然后恭敬地将炭钵置于主香者右侧，整齐地摆放在香盛的一侧，以便主香者取用。

开灰　主香者取香箸，将香炉中的香灰向四周拔开，打开可以放置香炭的深孔。

入炭　主香者用香箸将炭钵中已经燃透的香炭夹起，缓慢放置于炉内深孔之中。

埋炭　主香者用香箸将刚刚拨向四周的香灰，拢于中间，覆盖于炭上，然后用拭布擦拭香箸，再将干净的箸插入瓶中。

理灰　主香者用香匙将拢起的香灰压实成山状，然后用拭布将匙上残灰擦净，收匙入瓶。

探孔　主香者用香盛内探针在山状香灰的顶端探一孔，或在山腰处探一孔，孔深直到香炭处，以此为灰中炭透气，不致熄灭。

置叶　主香者从香盛中取银叶镊，从银叶盒中取出银叶，用镊夹起银叶，小心置于灰山之上，轻压使其稳妥。

置香　主香者从香盒中取香片，用银叶镊将香片小心置于银叶之上。

鼻观　静坐片刻，待炉温上升，银叶变热，香气升发之时，主香者将香炉恭敬地端于胸前，用鼻子静静感受香片的发香状态，待真香始升，便可邀客传炉了。

品香（或名传炉）　由主香者开始传递香炉于左侧长者，开始品香仪轨，持炉者感受香气后，左传香炉，以此类推，直到香炉又回到主香者手中，此为一次品鉴过程。

# （肆）品鉴方法

1. 四季五味法（春、夏、秋、冬、无味）

春味　沉香刚开始发香时的味道，可能有杂气，但却是活跃的、颜色鲜明的，有如春天。

夏味　随着炉温上升，沉香初始的味道褪净，开始发起纯粹、绚烂、热烈的香味，有如夏天百花齐放的状态。

秋味　香气微微减弱，有了一丝消逝感，却多了成熟的意味，这是一块沉香的本味，每一块都有差别，这就是对自然造物的诠释。

冬味　香气逐步消逝，却还会反复出现，越好的沉香，这个过程会越漫长。这个时期的味道就如白雪覆盖之下的大地，或是一切归于平静，或是有新的生命正在孕育。

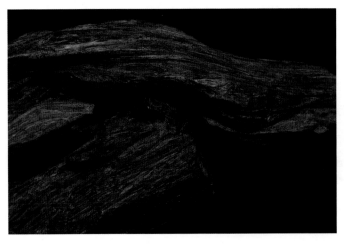

▼ 古占城国（今越南南部地区）伽南香。

无味　沉香不会一直发香，它有呼吸，总是一停一顿的，中间可能会出现某个瞬间没有了香气，这便是无味的状态。这时也无须着急，只要静待片刻，香气便又会重新升发。这个"无味"的味道如同音乐里的休止符，充满空气感和想象的空间。

2. 五味法（甜、咸、酸、苦、辣）

甜味　沉香最基本的香气，多以甜为主，只是不同产区的甜味不太相同。

咸味　某些临海产区的沉香，甜味中会有一丝海风的咸香杂在其中，颇为微妙。

酸味　某些产区的沉香会有果酸的香气杂在甜味中，非常青艳。

苦味　如人参一般的苦凉香气，是伽南香（或名棋楠香、奇蓝香等）的标准味道，也是"棋韵"（或名奇韵）的重要气味。品质优秀的沉香也含有这个味道，有沁人心脾之感。

辣味　某些产区的沉香，在甜味中会混杂轻微的辣味，是性烈的表现。

（如要了解更加详细的评鉴方法，请参看笔者《心香一瓣》第二卷）

◥ 品香的闲趣。

# 后　记

2007年的孟夏，人生中第一次与沉香相遇，这可能是我永生难忘的记忆。

还记得大学期间，我一直偏于研究"中国的石窟艺术"和"中国文人的生活方式"两个课题，在惊叹于北魏佛教造像艺术之绝美、羡慕于文人们生活之闲适舒放的时候，竟不期然地偶遇了"闻香"一事。读到了"急雪乍翻香阁絮，轻风吹到胆瓶梅，心字已成灰"的词句，便有了对"心字成灰"这一绝景探知的欲望，开始逐步深入地研究起"用香"之事，这大概就是我与它的缘起。之后许多年，即使遇到怎样的困难，都不曾放弃对这一文化的执着，这如同我在之前的书作中所写的："有一种事物，是你找到了它，然后才能找到自己，它使你获得了一个坐标，横向、纵向的出走，都是从它开始的。"从那时初见香事到今日，细算起来也有十五个年头了，始终倾心研究，总想以真为旨，以断辨真伪为任，小心治学，尽力钻研，真可谓"丹心劳避弋，万里念随阳"，终是无悔，只因2007年的那次相遇，便决定了余生。

还记得那时，常携着对文化认知中的某些疑问："品其最优者，伽南止矣"中的"伽南"为何物？"其次莫若沉香，沉有三等，上者气太厚，而反嫌于辣；下者质太枯，而又涉于烟；惟中者约六七分一两，最滋润而幽甜，可称妙品"中的"沉香"为何物？又疑心"沉香"只一物，怎可能出现这么多种不同的味道，什么是"太厚"、什么是"辣"、什么是"滋润幽甜"，所以"接触沉香"，在那时便显得十分重要。

第一次接触到的沉香，是海南所产的鹧鸪斑，品级虽是中等，却万万没有想到，这样的一块香木，气味居然可以那么清雅不群，遗世独立。这种气味之清高，是我往生从未体验过的，只是一嗅之间，便如开启了封存在六识深处的前世今生，既感到万分熟悉，又感到万分遗憾：熟悉是如"好久不见"的感叹，遗憾是如"怎么可以那么久都不见"的遗憾。只是一嗅，眼泪便涌了出来，半天都无法言语，那样的场景当让我如何描述，又当让你如何相信呢？后来细细思量，也便想得通畅，这便是人生里的常情，你若也有体会，便能懂我；你若体会不到，也不必强求，一切随缘就好。

随着研究的深入，我逐步生出了著书立说的想法，一边探知古人的用香生活，一边搜罗各地的香料，一边钻研如何成文，磨磨蹭蹭，居然用了三年的时间才完成了第一部作品《心香一瓣》。还记得书中的开篇写道：曾有一位老者问我："沉香，受苦受难，只为结香。而它的结香，好像就是在等待我们的发现，然后了解。不同的宗教之间或有分歧，但是任何宗教都能在沉香中统一。它悄然来到这个世界这么久，而我，只想知道，它，为什么而来。"一句究问，便道出了这世间万物的伟大和美妙：多数人只会想到取用，却不会想到为什么取用。即使偶尔有过这样的疑问，也不会想到去探究"它们为什么恰巧在那里，就如同早已为我们备好了一般"。你我都解不开这个问题，便要从内心感到敬畏，然后生出感谢，才不枉自然给予我们的馈赠和对于我们的怜爱。

怀着敬畏与感恩的情绪，在写这部《中国香》之时，我探究了中国用香的历史、中西方的香料贸易和中国人真正的用香方式，也首次公布了很多研究成果。一是希望为前一部作品中所缺失的文化部分做一个全面的补充及说明，二是为我之后要完成的系列作品做好一个开头——即《唐代香事》《宋代香事》《明代香事》《清代香事》——这一系列的中国用香文化深入研究的套书。以期在这些研究的基础上，建立一个完整的文化门类，让经营此类商业及非商业事务的国人有据可依，无需向外求索学问，真正拥有属于我们自己的文化自信，正是因为习近平总书记所说："没有高度的文化自信，没有文化的繁荣兴盛，就没有中华民族伟大复兴。"所以，作为文化工作者，深感责任之重大，不怠慢本土文化，不轻信外来片语，一心治学，方成始终。

另外，特别感谢东方翰典文化博物馆馆长黄海涛先生的鼎力相助，为本书提供了其馆藏各朝代珍贵香炉实物图片，使得读者可以更直观地理解我国的用香文化，特此函达！

肖木

2019 年 5 月 4 日 北京